核电厂混凝土耐久性监测项目（ODOBA）研究进展

生态环境部核与辐射安全中心　编著

中 国 原 子 能 出 版 社

图书在版编目（CIP）数据

核电厂混凝土耐久性监测项目(ODOBA)研究进展 / 生态环境部核与辐射安全中心编著. — 北京 ：中国原子能出版社，2022.12

ISBN 978-7-5221-2607-4

Ⅰ. ①核… Ⅱ. ①生… Ⅲ. ①核电厂－混凝土结构－耐用性－监测 Ⅳ. ①TM623

中国版本图书馆 CIP 数据核字(2022)第249219号

核电厂混凝土耐久性监测项目（ODOBA）研究进展

出版发行	中国原子能出版社（北京市海淀区阜成路 43 号　100048）
责任编辑	徐　明
责任校对	刘　铭
责任印制	赵　明
装帧设计	崔　彤
印　　刷	北京厚诚则铭印刷科技有限公司
开　　本	787 mm×1092 mm　1/32
印　　张	3.125　　**字　　数** 87 千字
版　　次	2022 年 12 月第 1 版　2022 年 12 月第 1 次印刷
书　　号	ISBN 978-7-5221-2607-4　　**定　　价** **88.00** 元

发行电话：010-68452845

前　言

核安全有关构筑物是核电厂安全运行的重要组成部分，为核电厂中的系统、设备、部件提供支撑和保护。近年来，世界核电重点从新建核电厂转变为采取措施延长运行核电厂服役年限，随着运行年限增加，混凝土耐久性监测已成为国际性课题。法国核与辐射安全研究院（IRSN）是法国核安全局（ASN）的技术支持单位，于2015年发起钢筋混凝土耐久性监测（Observatory of Durability of the Reinforced Concrete Works，ODOBA）国际合作项目，目标是深入研究核反应堆安全壳混凝土的老化现象，开发一套混凝土质量和耐久性的评价工具。ODOBA项目主要针对混凝土损伤的早期探测、混凝土损伤发展的监测和破坏后果（力学性能和密封性）的评价。美国、比利时、加拿大、芬兰等国家的监管机构和技术支持单位已参与该项目。

我国多数核电厂运行时间不是很长，目前，仅有秦山核电300 MWe机组完成了运行许可证延续工作。随着我国在役电厂运行时间的增加，混凝土相关的老化失效现象逐渐暴露，但核电厂混凝土劣化和寿命管理方面的研究工作与国际先进水平尚存在一定差距。2019年11月，生态环境部核与辐射安全中心（NSC）联合中核核电运行管理有限公司、中核武汉核电运行技术股份有限公司、苏州热工院有限公司等国内核领域相关单位参与了ODOBA国际合作项目（2020—2022年度）。特别感谢核与辐射安全中心领导对本项目的大力支持，项目进行中也得到了相关部门和人员的协助，一并感谢。

本书主要内容包括构筑物耐久性监检测技术标准、混凝土结构检测技术原理及案例研究和ODOBA项目基本情况及年度报告进展等内容。本书内容有利于汲取国际同行经验，提高我国核电厂混凝土老化的研发能力和监管验证水平。全书由生态环境部核与辐射安全中心孙锋主编，潘蓉校核。其中：第1章由任国鹏、王振编写；第2章由王恒、吴彩霞编写；第3章由孙锋、廖开星编写；第4章由孙锋、张江涛编写。本书可供从事核电厂混凝土结构耐久性设计、分析与监测的技术人员参考。由于成书时间仓促，难免有不妥和疏漏之处，敬请读者批评指正。

目　录

1 构筑物耐久性监测技术标准

由于核工程本身的重要性和特殊性，更应重视构筑物设计寿期内或者延寿期间结构的耐久性问题，保证结构构件安全有效地工作。核安全有关构筑物以混凝土结构为主，耐久性是结构设计中的重要内容，也是保证结构在设计使用年限内正常发挥功能的基础。目前，核行业针对核工程构筑物耐久性监测的专门规范尚不完善。

1.1 混凝土耐久性背景及意义

自 18 世纪水泥应用以来，钢筋混凝土结构在世界范围内成了建筑工业中最常用的建筑结构，随着我国城市化进程的发展，我国仅 2011—2013 年 3 年的水泥用量就超过了美国 20 世纪用量的总和，随着我国建筑、道路、港口等基础设施的建设，水泥的用量还将大幅增加。

我国一般建筑设计使用寿命在 50 年左右，但是调查发现，我国 20 世纪建造的混凝土结构已经出现了结构损坏，结构使用寿命达到设计年限的数量有限[1]。由于水泥混凝土自身的特性，混凝土结构容易受到环境的影响，造成其使用年限远低于设计使用年限，尤其是在工业厂房高温、高湿、高浓度酸性气体环境，混凝土结构劣化更为严重。图 1-1 和图 1-2 所示为工业厂房混凝土结构的腐蚀情况例图。

图 1-1　混凝土钢筋外露

图 1-2　混凝土柱析出白色晶体

混凝土结构的耐久性是指能够满足建筑在随着时间环境和结构自身内部的作用下，不需对建筑进行大量的维护工作就能保证结构的正常安全使用的能力。混凝土结构的劣化是一种随时间推移和环境影响而发生的结构物理和化学层面的腐蚀过程，也是混凝土结构耐久性降低的过程，会造成结构整体性、耐火性、安全性和使用寿命下降[2]。随时间推移，结构混凝土保护层会发生开裂甚至剥落，进一步地会造成钢筋腐蚀，结构的使用寿命难以达到设计值，这就是结构耐久性降低的过程。

1.2 国内外研究现状

1.2.1 国内外混凝土结构耐久性研究现状

自混凝土材料问世以来，一般认为它是目前耐久性最好的建筑材料，但通过调查可以发现，近几十年混凝土结构由于耐久性问题引发的事故频繁发生，给人们的生命和财产安全带来了极大的隐患[3]。20 世纪 60 年代，国外开始关注混凝土结构的耐久性，并对混凝土碳化现象等问题进行了大量的理论研究和实验分析[4]。为提高混凝土结构的耐久性，西方国家自 20 世纪 80 年代中期开始进行提高混凝土耐久性的材料层面研究，从而可以生产高性能的混凝土来达到提高结构耐久性的目的，并且取得了许多高水平的研究成果，在实际应用的结构建设中确实改善了结构的耐久性。1992 年美国 ACI201 委员会发布了名为《混凝耐久性指南》的技术指南，为混凝土的使用给出了指导性意见。欧盟于 1995 年出资赞助了一项名为 DuraCrete 的研究项目，到 2000 年之间给出了许多关于混凝土耐久性相关的研究报告，并出版了一份名为《混凝土结构耐久性设计指南》的设计指南[5]。为了保证结构的安全可靠和能够尽可能地延长结构的使用寿命，各国都制定了相应的结构耐久性规范，如欧洲标准 EN206-1：2000。该标准依据结构所处的外部环境对结构的水灰比、碱骨料、混凝土强度等都作了相关规定。从混凝土的耐久性出发，根据结构所处的不同环境条件，对混凝土的最小水泥用量、最低强度等级、最大水灰比以及骨料要求等均作了规定，欧洲各国在此基础上作了适当补充[4]。

20 世纪七八十年代，我国开始重视结构耐久性研究，组织了许多专家和学者对国内已有混凝土结构进行了结构耐久性鉴定和维护研究[6]。国务院 2000 年颁布《建设工程管理条例》，同年又下达了“关于建设单位执行建设工程合理使用年限问题的通知”，这两个文件充分显示国家对建筑结构耐久的重视程度，此后土木工程、建筑材料等领域相关的专家和学者又进行了深入的研究，得出了许多具有重大意义的研究成果，并在实际项目建设中应用，很大程度上地改善了我国混凝土结构耐久性问题[7]。目前世界上已有大量的混凝土结构已经使用了许多年，或多或少的都存在耐久性降低需要进行维护的情况，但结构的维护需要进行耐久性的评估[8]。需要注意的是耐久性评估不是一门能够精确测量的科学，它是基于大量的实验和结构真实情况进行物理、化学和结构层面的综合分析的结果[8,9]。

环境因素是影响混凝土结构耐久性的最主要因素，结构设计、结构施工材料和方法、后期维护等因素对结构耐久性来说也是重要的影响因素[10]。根据结构所处的环境（大气环境、作业环境），可以将建筑所处的环境分为两个标准：一般大气环境和特殊环境。一般大气环境中 CO_2、酸雨、环境的温湿度等因素将使混凝土结构发生中性化，进而会使得钢筋发生锈蚀，大气环境或者作业环境的温度和湿度是引起钢筋锈蚀的主要因素；特殊环境中的结构腐蚀损坏和结构耐久性降低主要原因是所处环境中的酸性气体、氯离子侵蚀和冻融损伤等，如海边的氯离子侵蚀、极寒地区的冻融损伤及工业作业产生的酸碱性腐蚀等[11]；结构由许多构件组成，因此构件的耐久性研究是建筑的耐久性研究的基础，构件的混凝土保护层发生中性反应后，构件碱性降低，进一步的钢筋的保护膜会遭到破坏，慢慢地钢筋也会出现锈蚀，严重的会造成钢筋开裂，严重影响结构的耐久性。

目前，国内已有的有关耐久性设计规范有主要有以下几项：

（1）国家标准：《混凝土结构耐久性设计规范》《普通混凝土长期性能和耐久性能试验方法标准》《工业建筑防腐蚀设计规范》等；

（2）行业标准：《铁路混凝土结构耐久性设计规范》《混凝土结构耐久性设计与施工指南》《海港工程混凝土结构防腐蚀技术规范》《公路工程混凝土结构防腐蚀技术规范》等。

国家标准的耐久性有关规范是针对工业与民用建筑结构统一考

虑的规范要求，其具有普遍通用性。但是对于个别的特殊行业如铁路、公路、海港工程等都针对本行业耐久性的特殊性编制了本行业适用的有关标准，用于指导本行业内建构筑物的耐久性设计要求。

核工程建构筑物中尤其是核电厂中核安全有关厂房混凝土结构的耐久性具有复杂性、特殊性、高标准、耐久性设计年限长等特点，其同样也需要有关行业的耐久性规范来指导设计。国内目前没有针对核设施及废物处置项目这种超长设计使用年限的研究和标准规范。中国核电工程有限公司（CNPE）已编制《核安全相关厂房混凝土结构耐久性设计规范》（NB/T 20549—2019），2020 年 7 月开始实施。

1.2.2 国内外混凝土耐久性评价系统研究现状

研究者通过将计算机技术应用在混凝土结构耐久性的设计分析中，为结构耐久性的设计、建造和维护提供了科学的指导，而相关的结构分析软件在国内外已经得到了普遍的应用，也产生了许多相关的分析软件，例如 SATWE、MIDAS、ABAQUS 和 ANSYS 等。我国现有混凝土结构数量庞大，但是缺乏系统的完备的自主研发的结构耐久性分析评价软件，这一直影响着我国混凝土结构设计、建造、加固和改造行业的发展[3]。

刘腾面向既有混凝土结构的耐久性，在高层建筑结构分析软件 SAGS 的基础上，利用 Delphi 语言，结合 BP 和 AHP 两种算法根据相关标准并提取相关参数实现了结构耐久性评估[3]。张建国、蒋凤昌基于动态可靠度理论利用神经网络和 VisualBasic 语言编程，构建了结构耐久性评价系统[12]；舒阳、王敬东等结合专家系统和神经网络的相关算法，完成了基于神经网络的结构耐久性智能评估系统的开发[13]。

目前，欧洲国家已经有了相关的结构耐久性永久性检测系统。Broomfield 和 JohnP 设计了一套耐久性监测和耐久性分析评估软件能够较好地实现系统的评价并对系统维护给出指导意见，并对结构监测中的传感器安装布置和数据采集进行了相关研究[14,15]。John 和 Gareth 设计了一种使用户新建或者已建的建筑结构钢筋锈蚀率监测系统，可在不破坏结构的情况下实现结构钢筋锈蚀状态的监测[15]。

1.3 结构耐久性监测技术及规范

工业建筑混凝土结构的监测主要是用于结构的耐久性分析，其数据主要包括：工业建筑结构的荷载以及工业厂房环境参数等数据、工业建筑结构内部应力的动静态响应数据、钢筋混凝土与钢结构表面形态数据、结构耐久性无线监测信号状态监测数据[16]。结构的耐久性分析决定着工业厂房能否满足正常生产生活的要求，因此工业建筑混凝土结构的快速准确测量是非常关键的。

1.3.1 结构监测系统框架及方案

既有工业建筑结构耐久性监测就是对影响工业建筑结构耐久性的重要参数进行实时监测，根据监测数据建立预测模型，从而对当前工业建筑结构的劣化程度进行评估，为工业建筑结构的维修、养护与管理决策提供依据和指导。既有工业建筑耐久性监测系统的技术路线如图 1-3 所示。

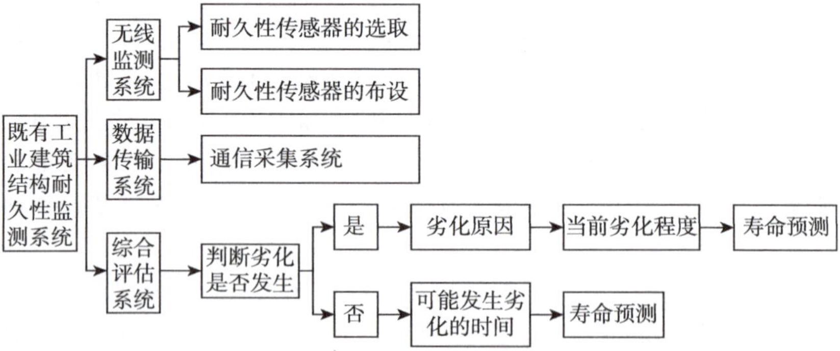

图 1-3 结构监测技术路线图

结构监测系统可以划分为四部分：无线远程监控系统、结构耐久性数据库、耐久性评估方法、耐久性监测平台。

（1）工业建筑结构耐久性无线远程监控系统架构构建。

工业建筑结构耐久性远程监控系统基于物联网三层构架构建，其方法是利用无线传感网络和互联网技术实现工业建筑结构与管网无线监控系统[17-21]，系统采用“分布式监测，集中式管理”的管理构架，具有典型物联网系统的三层结构分别是数据采集层、数据通信层和数据管理层，系统物联网拓扑结构如图1-4所示。

结构耐久性的监测数据是由分析采集到的信号而获得的，因此，信号采集技术是结构耐久性智能诊治与运维的前提。监测信号的采集过程可分为采集、放大、传输、提取过滤和保存等[19-21]，具体监测如下。

对不同厂区的不同厂房所处环境监测：

① 气象环境的监测；

② 局部环境的监测；

③ 厂房的工艺特点。

不同厂区典型工业建筑结构安全性与耐久性调查与监测：

① 混凝土结构：结构布置，强度等级，主要构件几何参数及保护层厚度，中性化深度调查与测试，钢筋锈蚀情况调查与监测；

② 钢结构：厂房结构布置，主要结构构件的尺寸，主要结构构件的现状（锈蚀、涂层、变形），作用分布；

③ 砌体结构：砖、砌筑砂浆的强度，墙体的裂缝、风化状况，墙体变形偏差，楼屋面渗漏水。

（2）建立工业建筑结构耐久性数据库根据检测得到的工业建筑结构耐久性数据，按照数据采集—传输—存储—分析的模式，考虑开放性和开发性要求，建立厂区的工业建筑结构数据库。针对不同建筑所处的环境特点，基于已有的智能信息与控制技术，多源数据融合技术，研究耐久性相关数据之间的内在关系[15]。

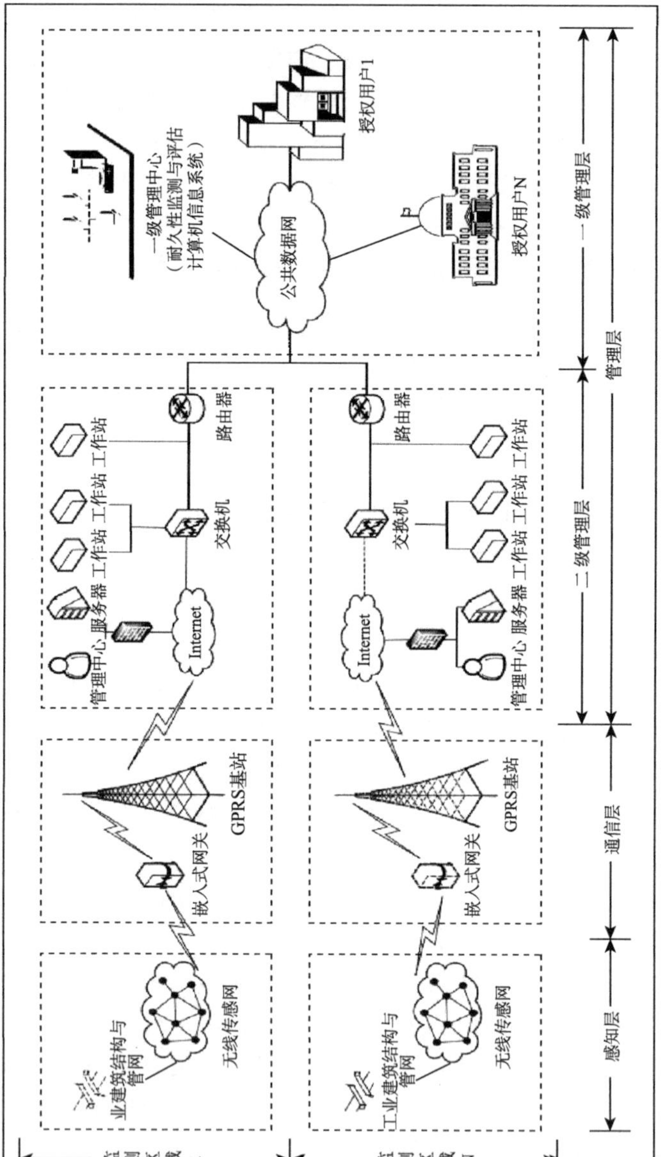

图 1-4　工业建筑结构耐久性无线监测系统结构图

(3) 建立工业建筑耐久性评估方法。

根据工业厂区环境特征和耐久性相关特点，研究耐久性与相关工业建筑环境、不同结构参数之间的关系，通过物理实验获取耐久性及其相关信息实验数据，通过系统辨识的方法获得耐久性劣化模型，进而完成工业建筑耐久性评估方法的研究。

(4) 研究开发对应的耐久性监测平台。

研究开发对应的耐久性监测平台，针对既有工业建筑结构耐久性的特征参数，实现工业建筑耐久性的实时监测，通过自组织网络实现数据采集，通过无线 / 无线网络实现数据的传输，通过建立耐久性数据的数据库以及计算机智能评价系统，对监测的数据进行分析以及综合评估，实现可视化。

1.3.2 混凝土耐久性检测方法

混凝土耐久性检测进行实际操作时，对现场情况的检测是非常重要的一环。实测数据是确定各因素对应评估的基础，因此，混凝土结构耐久性的评估应首先对混凝土结构的状况进行检测，主要检测内容如下。

1. 裂缝检测

检测设备包括裂缝刻度尺、刻度放大镜、超声仪等。检测内容和参数包括裂缝的分布、深度、宽度、长度和发展路径等。一般在检测裂缝深度时，常用超声波法，见表 1-1。

表 1-1 裂缝深度检测方法

深度小于 500 mm	深度大于 500 mm
对测法	孔中对测
斜测法	孔中斜测
单面平测法	孔中平测

除了超声波法外，还可以用雷达法、红外线热谱法等。具体选

择哪一种方法要根据现场条件来确定。

2. 强度检测

进行强度检测的方法也有很多，具体见表1-2。

表1-2　混凝土强度检测方法

方法	原理	精度	检测范围	数据处理难易
回弹法	表面硬度	低	局部区域	容易
超声波法	超声波速	一般	局部区域	一般
钻芯法	芯样抗压强度	好	局部区域	容易
拔出法	拔出力	好	局部区域	容易
超声-回弹法	硬度和波速	较好	局部区域	一般

3. 混凝土渗透性检测

混凝土耐久性的劣化原因很大一部分都在于外界的水、侵蚀性离子轻易地进入混凝土内部。良好的渗透性是阻止外部侵蚀的一道重要防线。因此，对渗透性的检测是十分必要的。检测方法包括水压力法、离子扩散系数法和电参数法[23,24]等。目前，工程中常用英国产的Autoclam自动渗透仪及瑞士产的Torrent渗透性测试仪对混凝土的渗透性进行非破损检测[25]。

4. 碳化深度检测

碳化深度检测也是一项重要内容。检测时，先在混凝土表面钻一个孔径约15mm的检测口，之后用1%的酚酞溶液滴在孔洞中，随后用游标卡尺或专用的碳化深度测定仪来测量读数[26]。

5. 氯离子检测

可通过RCT法进行氯离子含量的检测；氯离子扩散系数的检测方法有非稳态电迁移法（RCM）、电导率法（NEL）等，不过这些方法只能在实验室进行，而英国的permit离子迁移仪可现场检测氯离子扩散状况。

6. 钢筋位置及保护层厚度检测

一种方法是去除钢筋表面的保护层，直接测量钢筋的相关数据及保护层厚度，不过这种方法对结构有损伤。另外，还有一种非破损法，具体见表 1-3。

表 1-3 钢筋位置及保护层厚度检测方法

方法	设备名称	原理	精度
电磁法	电磁感应式钢筋探测仪	感应电流	高
雷达法	雷达仪	电磁波	一般
超声法	混凝土超声波检测仪	超声波	一般

7. 钢筋锈蚀检测

钢筋发生锈蚀与混凝土表面裂缝有密切关系，因此裂缝观测法是判断钢筋锈蚀情况的有效方法，见表 1-4。

表 1-4 混凝土裂缝与钢筋锈蚀率

裂缝状态	无顺筋裂缝/%	有顺筋裂缝/%	保护层局部剥落/%	保护层全部剥落/%
钢筋锈蚀率	0～1	0.5～10	5～20	15～25

除此外，常用的钢筋锈蚀检测方法还有半电池电位法、线性极化法等[26]。

2 混凝土结构检测技术原理及案例研究

2.1 混凝土结构耐久性检测技术原理

影响混凝土结构耐久性和使命寿命的因素，不仅仅是混凝土和钢筋的强度，还有环境条件，混凝土的缺陷、裂缝、含湿量和渗透性，以及钢筋的数量、位置和腐蚀情况等，都对混凝土结构耐久性和受力性能有着重要的影响。

因此，在评估混凝土结构耐久性时，除了检测混凝土的强度，还必须进行其他项目的检测。通常情况下，混凝土结构耐久性检测项目可按照表 2-1[28]确定。

表 2-1 耐久性检测项目

<table>
<tr><th colspan="2" rowspan="2">环境类别</th><th colspan="2">检测项目</th></tr>
<tr><th>常规检测</th><th>专项检测</th></tr>
<tr><td colspan="2">一般环境</td><td rowspan="6">构件几何尺寸、保护层厚度、外观缺陷与损伤；混凝土抗压强度、钢筋锈蚀状况；构件开裂情况</td><td>碳化深度、混凝土渗透性、钢筋自然电位、混凝土电阻率</td></tr>
<tr><td colspan="2">冻融环境</td><td>剥落面积、剥落深度</td></tr>
<tr><td colspan="2">海洋氯化物环境</td><td>混凝土中氯离子浓度分布</td></tr>
<tr><td colspan="2">除冰盐等其他氯化物环境</td><td>混凝土中氯离子浓度分布、剥落深度</td></tr>
<tr><td rowspan="2">化学腐蚀环境</td><td>硫酸盐侵蚀环境</td><td>剥落深度、混凝土中硫酸根离子浓度分布</td></tr>
<tr><td>碱骨料反应</td><td>碱含量及骨料碱活性、混凝土含水率</td></tr>
</table>

2.1.1 混凝土耐久性参数检测

（1）构件几何尺寸、外观缺陷与表面损伤检测。

构件几何尺寸、构件外观缺陷与表面损伤应按照《混凝土结构现场检测技术标准》（GB/T 50784—2013）[29]执行。

构件几何尺寸及其偏差可按下列方法进行检测：

① 对于等截面构件和截面尺寸均匀变化的变截面构件，应分别在构件的中部和两端量取截面尺寸；对于其他变截面构件，应选取构件端部、截面突变的位置量取截面尺寸；

② 将每个测点的尺寸实测值与设计图纸规定的尺寸进行比较，计算每个测点的尺寸偏差值；

③ 将构件尺寸实测值作为该构件截面尺寸的代表值。

构件外观缺陷与表面损伤可根据缺陷的情况按下列方法检测：

① 露筋长度可用钢尺或卷尺量测；

② 孔洞直径可用钢尺量测，孔洞深度可用游标卡尺量测；

③ 蜂窝和疏松的位置和范围可用钢尺或卷尺量测，若委托方有要求时，可通过剔凿、成孔等方法量测蜂窝深度；

④ 麻面、掉皮、起砂的位置和范围可用钢尺或卷尺测量；

⑤ 表面裂缝的最大宽度可用裂缝专用测量仪器量测，表面裂缝长度可用钢尺或卷尺量测。

（2）混凝土强度检测。

现场检测混凝土强度的方法主要有回弹法、超声波法、超声-回弹综合法、钻芯法、拔出法、贯入法等。不同检测方法的检测原理、检测精度和检测技术要求都是不同的，见表 1-2[30]。实际检测时，应综合考虑各种因素，选择一种或几种方法。

1. 回弹法

（1）回弹法原理。

回弹法是用一弹簧驱动的重锤，通过弹击杆传力杆，弹击混凝土表面，并测出重锤被反弹回来的距离，以回弹值反弹距离与弹簧初始长度之比作为与强度相关的指标，来推定混凝土强度的一种方法。由于测量是在混凝土表面，所以属于表面硬度法的一种。

回弹值取决于重锤在混凝土表面弹击后所获得的回弹能量，并由控制回弹的弹簧系统指示，回弹值可通过指针在刻度尺上读出。回弹法测定混凝土的强度，即回弹仪以一定的动能弹击混凝土表面，其回弹值与混凝土表面硬度具有一致的变化关系，根据回弹值与抗压强度校准的相关关系，以回弹值推算混凝土的极限抗压强度。

设回弹仪的动能为 E 则由功能原理[31]：

$$E = \sum A_i = A_1 + A_2 + A_3 + A_4 + A_5 + A_6$$

A_1——使混凝土产生塑性变形的功；

A_2——使混凝土弹击杆及弹击锤产生弹性变形的功；

A_3——弹击锤在冲击过程中和指针在移动过程中因摩擦损耗的功；

A_4——弹击锤在冲击过程中和指针在移动过程中克服空气阻力的功；

A_5——混凝土产生塑性变形时增加自由表面所损耗的功；

A_6——仪器在冲击时由于混凝土构件的颤动和弹击杆于混凝土表面移动而损耗的功。

A_3、A_4、A_5、A_6 一般很小，当混凝土构件具有足够的刚度且在冲击过程中仪器始终紧贴混凝土表面时，均可忽略不计。在一定的冲击能量作用下，A_2 的弹性变形接近为常数。因此弹回距离主要取决于混凝土的塑性变形。混凝土的强度越低，则塑性变形越大，消耗于产生塑性变形的功越大，弹击锤所获得的回弹功能越小，回弹距离相应越小，从而回弹值越小，反之亦然。

据此可由实验方法建立混凝土抗压强度 f_{cu} 与回弹值 R 的相关函数关系：

$$f_{cu} = f(R)$$

由此建立的函数关系一般用公式或曲线来表示，称为回归曲线或校准曲线。只要在构件上测出 R 的值，就可由已建立的公式或曲线换算出构件混凝土的强度 f_{cu}。

(2) 回弹法检测方法。

回弹法测定混凝土的抗压强度需要布置测区、测定回弹值、测定碳化深度和数据处理。

据《回弹法检测混凝土抗压强度技术规程》(JGJ/T 23—2001) 规定，取一个结构或构件作为检测混凝土强度的单元一般要取 10 个测区。但对某一方向尺寸小于 4.5 m 且另一方向的尺寸小于 0.3 m 的结构或构件其测区数量可适当减少，但不应少于 5 个。测区的面积不宜大于 0.04 m^2。测区表面应清洁、平整、干燥、不应有接缝、粉刷层、油垢等，必要时可采用砂轮清除疏松层和杂物。测区宜均匀布置在构件或结构的检测面上，相邻测区间距不宜过大。当混凝土浇筑质量比较均匀时可增大间距，但不宜大于 2 m。构件或结构的受力部位及易产生缺陷的部位需布置测区，测区优先考虑布置在混凝土浇筑的侧面，如不能满足这一要求，可选在混凝土的表面或底面测区，需避开位于混凝土内保护层附近设置的钢筋和埋入铁件。对于体积小、刚度差的构件应设置支撑加以固定。

按上述方法选取试样和布置测区后，先测量回弹值。测试时回弹仪应始终与测试面相垂直，并不得在气孔和石子上弹击。如果已经弹击在气孔和石子上，则该数不能计入每一测区的 16 点中。每一测区的两个侧面用回弹仪各弹击 8 点，如一测区只有一个侧面则需要测 16 个点。同一测点只允许弹击一次，测点宜在测区范围内均匀布置。每一测点的回弹值读数精确至 1 mm，点与点间距一般不小于 20 mm，测点距离构件边缘或外露钢筋的间距一般不小于 30 mm。

回弹值测量完毕后，应选择不少于构件的 30%测区数在有代表性的位置上测量碳化深度值。取其平均值作为该构件每测区的碳化深度值。当碳化深度值极差大于 2 mm 时，应在每测区测量碳化深度值。测量构件的碳化深度时可用合适的工具在测区表面形成直径约为 15 mm 的孔洞，清除孔洞中的粉末和碎屑后，用 1%的酚酞酒精溶液滴在混凝土孔洞内壁的边缘处。当已碳化与未碳化界限清楚时，再用深度测量工具测量已碳化和未碳化混凝土交界面至混凝土表面的垂直距离多次，取其平均值，该平均值即为该测区的碳化深度值，每次读数精确至 0.5 mm。

当回弹仪水平方向测试混凝土浇筑侧面时应在每一测区 16 个回弹值中剔除其中 3 个最大值和最小值，取其余下的 10 个回弹值的算术平均值作为该测区的平均回弹值，得到的平均回弹值经过角度修正、浇筑面修正得到最终的回弹值。

然后，根据每一测区的回弹平均值和碳化深度值查阅由专用曲线、地区曲线或统一曲线编制的测区混凝土强度换算表，所查出的强度值即为该测区混凝土的强度换算值。

(3) 回弹法的局限性。

由于回弹法是表面硬度法，回弹值主要以表层砂浆的弹性性能来反映混凝土的强度，系间接检测，易受到其他因素的影响，检测精度要差一些。回弹法反映的是混凝土表面层一定厚度范围内的质量情况，不能反映混凝土内部情况。测试时要求表层与内部质量必须一致，否则用回弹法检测混凝土工程的强度不能代表整体强度。

2. 超声波法

(1) 超声波法原理。

混凝土材料是弹黏塑性的复合体，各组分的比例变化、制造工艺条件以及硬化混凝土结构随机性等，都十分错综复杂地影响了凝聚体密实性、均匀性和力学的性质。工程上，通常采用建立试件的超声声速与混凝土抗压强度相关的统计测强曲线，来检测和评估混凝土的力学性能。

超声波检测混凝土强度的基本依据是超声波传播速度与混凝土的弹性性质的密切关系。一般说来，弹性模量越高，内部越是致密，其声速也越高。超声声速与固体介质的弹性模量之间的数学关系为：

$$V_p=\sqrt{\frac{E(1-\mu)}{\rho(1+\mu)(1-2\mu)}}$$

式中：E——杨氏模量（N/m^2）；

μ——泊松比；

ρ——质量密度（g/m^3）。

在实际检测中，超声声速是通过混凝土弹性模量与其力学强度的内在联系，与混凝土抗压强度建立相关关系并借以推定混凝土强度。因此，对于同种材料与配合比的混凝土，强度越高，其声速值也越高。若混凝土内部有缺陷孔洞、蜂窝体，则该处混凝土的声速将比正常部位低。当超声波穿过裂缝而传播时，所测得的声速也将比无裂缝处声速有所降低。

超声法检测混凝土强度，主要是通过测量在测距内超声传播的平均声速来推定混凝土强度。超声法测强也有一定的局限性超声声速是以整个断面的动弹性来反映混凝土强度，而强度较高的混凝土，弹性指标变化幅度小，相应其声速随强度变化的幅度也不大，其微小变化往往被测试误差所掩盖，所以对于强度大于 35 MPa 的混凝土，超声法检测混凝土强度误差较大。

（2）超声波法检测方法。

超声波检测方法按照探头数目，可分为单探头、双探头和阵列探头扫查方式。单探头法检测是用一个探头发射并接收超声波；双探头检测法是用一个探头发射超声波，一个探头接收超声波；多个探头检测法是使用两个以上探头进行检测的方法。在对金属等材质比较均匀的材料进行检测时，一般选用频率比较高的声波，可用单探头进行检测。在对混凝土等材质不均匀的材料进行检测时，超声波的衰减比较大，采用一个探头进行检测时难以接收到底面回波信号，一般选用超声波频率较低的双探头或阵列探头进行检测。

超声波检测方法按照原理可分为脉冲反射法、穿透法和衍射时差法[32]。脉冲反射法是根据放置在工件一个检测面上的单探头接收到的回波信号中底面波或缺陷波的幅值对工件结构进行评价的方法。穿透法是将两个探头（一个发射探头，一个接收探头）分别放置在工件的相对检测面上，依据超声波穿透工件之后能量的变化对工件的内部缺陷的大小进行测量和评价。衍射时差法（TOFD）是利用放置在工件同一个检测面上的两个探头（一个发射探头，一个接收探头）进行检测。

3. 超声-回弹综合法

(1) 超声-回弹综合法原理。

超声-回弹综合法是基于混凝土抗压强度与表面回弹值、超声声速值的统计相关关系基础上的，用混凝土试块的抗压强度与非破损检测的参数超声声速和回弹值之间建立起来的相关关系曲线，即为测强曲线[33]。超声回弹综合法是先利用超声仪测定超声波在混凝土构件中的传播时间并计算出超声波在混凝土中的声速值，然后利用回弹法测定混凝土表面硬度，即回弹值，同时根据回弹值和声速值来推定混凝土强度。工程运用中，在结构混凝土同一测区分别测量声时值及回弹值，然后利用已建立起来的相关关系式 f_{cu}-V_p-R 来推测该测区的混凝土强度。

由于综合法的各项参数在一定程度上能相互抵消或离析单一指标测量强度时的某些影响因素，这就使得超声回弹综合法的测试精度更高，应用范围更广，且弥补了单一法的不足。

(2) 超声-回弹综合法检测方法。

超声-回弹综合法检测按照《超声回弹综合法检测混凝土强度技术规程》（CECS02：2005）的要求，经过回弹值测定、超声时值测量及声速计算、碳化深度测量、抗压强度试验、试验数据统计分析、测强曲线的建立最终得到混凝土的抗压强度。

4. 钻芯法

钻芯法检测、评定混凝土强度的原理是使用直接从结构或构件上钻取的芯样试件强度评定结构或构件混凝土的实际强度。钻芯法检测评定混凝土强度的过程可概括如下[34]：

(1) 确定取芯位置（典型、具有代表性）、芯样尺寸及数量，采用标准方法测试所取芯样试件混凝土的抗压强度 f_{cor}；

(2) 通过芯样试件高径比 h/d 确定换算系数 a，将芯样试件（标准或非标准）混凝土抗压强度值 f_{cor} 换算为同龄期立方体混凝土试件强度 f_{cu}^{c}；

(3) 根据实际检测情况（单个构件或检验批），采用相应检测技术规程或标准提供的强度推定方法确定混凝土强度推定值 $f_{cu,e}$；

(4) 依据混凝土强度推定值 $f_{cu,e}$、标准混凝土立方体试件强度 f_{cu} 及原结构或构件混凝土立方体试件强度标准值 $f_{cu,k}$（混凝土设计强度等级），比较、判定结构或构件实体混凝土强度是否达到设计、使用要求。

上述检测评定过程的 5 个基本参数 f_{cor}、f_{cu}^{c}、$f_{cu,e}$、f_{cu}、$f_{cu,k}$ 之间的关系转换构建了钻芯法检测、评定实体结构或单个构件混凝土强度的整个框架，各强度符号的含义分别如下：

f_{cor}：结构中钻取的芯样混凝土试件采用标准试验方法测得的抗压强度值，即从结构母体中取出的芯样子体的抗压强度值，单位 MP。

f_{cu}^{c}：芯样试件混凝土抗压强度换算值（或立方体抗压强度换算值），即将非标准或标准芯样混凝土试件强度换算为同检测龄期下标准尺寸（边长 150 mm）立方体混凝土试件的强度，单位 MPa。

$f_{cu,e}$：结构或构件混凝土实际强度的推定值，单位 MPa。《港口工程混凝土非破损检测技术规程》（JTJT 272—99）的定义为"用取芯法求得的混凝土强度值，经过换算成相当于边长 150 mm 立方体标准混凝土试件强度"，即结构或构件混凝土立方体抗压强度标准值的推定值。

f_{cu}：混凝土标准立方体试件抗压强度，《普通混凝土力学性能试验方法》（GB/T 50081—2002）称为立方体抗压强度，单位 MPa。

$f_{cu,k}$：混凝土立方体抗压强度标准值，单位 MPa。混凝土标准立方体试件抗压强度 f_{cu} 总体分布中，具有不低于 95%保证率的抗压强度。

5．拔出法

拔出法[35]是在混凝土中预埋或钻孔装入一个钢质锚固件，然后用拉拔装置拉拔，拉下一锥台形混凝土块。以抗拔力或拉拔强度作为混凝土质量的量度，利用拉拔强度与混凝土标准抗压强度的经验关系，来推算混凝土的抗压强度。它是一种介于纯非破损检测方法和钻芯法之间的检测方法。

根据锚固件是在混凝土浇筑之前埋入或是在混凝土浇筑后埋入的不同，可以把拔出法分为两种，一种是以LOK试验为代表的预埋拔出法，另一种是以CAPO试验为代表的后装拔出法。

采用预埋拔出法必须在浇筑混凝土之前将锚固件布置并埋设在预定的位置，因此无法随时随地对结构混凝土进行现场检测，灵活性不高。

针对预埋拔出法的这些缺点，人们又逐步发展了后装拔出法。我国对后装拔出法研究较多，依照国家《后装拔出法检测混凝土强度技术规程》（CECS69：94），此规程要求应用拔出法前，应通过专门试验建立测强曲线，并需经工程质量主管部门审定，测强曲线允许相对标准差不大于12%。

（1）后装拔出法的原理。

后装拔出法是在混凝土硬化后再埋入锚固件，测定混凝土抗拔力的方法，又叫CAPO试验。首先在已硬化混凝土上钻孔，然后在一定孔深处用特制的带金刚石磨头的扩孔装置磨出一环形沟槽；将一金属胀环或膨胀螺栓锚件送入孔中沟槽，并使其胀开嵌入沟槽内。将液压千斤顶与锚固件相连，并施加拉力。当加荷至极限荷载时，混凝土产生一锥台断口，由测力计测读极限抗拔力。整个测试系统由嵌装的锚固件、反力子承环或支承架和液压加荷装置组成。

（2）后装拔出法的检测方法。

按照《后装拔出法检测混凝土强度技术规程》（CECS69：94）要求，在200 mm×200 mm×200 mm立方体试件的六个面上分别检测其拔出值，读数精确到0.1 kN。得到的拔出值通过一定的函数关系换算出混凝土的抗压强度。

6. 贯入法

试验表明，混凝土强度与贯入仪贯入混凝土中的钢钉深度之间存在着较强的相关关系。贯入法检测混凝土强度，是通过精确控制的动力将一只钢测针贯入混凝土中，量测其贯入阻力，以此评定混凝土质量的方法[36]。贯入阻力是依据贯入混凝土钢测针的贯入深度来确定的。

将仪器发射端压紧测试面，同时利用预压缩仪器负载弹簧发射钢测针，负载弹簧释放出来的能量推动钢测针贯入混凝土中，当钢测针的直径、长度、负载弹簧能量为固定值时，钢测针贯入混凝土中的深度取决于混凝土力学性质，因此测量钢测针贯入深度即可确定混凝土的贯入阻力。

7. 其他检测技术

混凝土检测中其他检测技术还有红外热成像技术、探地雷达波检测技术、声发射检测技术、冲击回波检测技术等。

基于红外线的混凝土检测技术主要是根据混凝土的热传导性[37]。基于红外线的混凝土检测技术一般用来检测表面和表面下结构，其结果受缺陷的大小和深度影响特别大，并且受热源、加热时间和外部环境三方面的影响较大，其中外部环境包括太阳光、风、粉尘散射大气的吸收等。一般情况下只能在实验室环境下进行检测，使得其在混凝土中的应用受到了很大的限制。

雷达波检测[38]的原理是根据不同介质之间的电磁性能差异。该方法检测深度大、空间分辨率高、成像结果直观，不仅可以检测出缺陷的深度还可以检测出缺陷的形状。混凝土中的砂子、水泥、石子等材料的介电常数与钢筋和空气的相比差别较小，使得电磁波遇到钢筋、孔洞和裂缝等时反射、折射等现象更加强烈。由于钢筋等对电磁波特别敏感，使得钢筋的检出率特别高，但是当混凝土内部存在钢筋网时，会对电磁波产生屏蔽效果，阻碍电磁波在混凝土中继续传播。

声发射技术[39]是根据材料内部发出的应力波来判断内部损伤程度的无损检测技术，其声源包括物体内部的裂纹、位错、内部结构的变化等。混凝土中的声发射信号容易受混凝土中水的含量、各种成分的比例、服役时间的影响，这些因素都会使声发射信号携带的信息过于复杂，有用信号难以提取。

冲击回波法[40]是用冲击锤敲击混凝土表面时，由于弹性冲击会在混凝土表面产生应力波，应力波在混凝土结构中传播时遇到外部界面或缺陷时会发生反射，反射回波被冲击点附近的接收传感器接收到，通过对接收到的回波进行时域或频域分析，即可得到混凝土结构的厚度或缺陷的深度。

（1）碳化深度检测。

碳化深度是评价混凝土耐久性优劣的一个重要指标。混凝土碳化的实质，即水泥的水化产物与周围环境中的 CO_2 发生化学反应，生成碳酸钙或其他物质，从而降低了混凝土内部的碱度。并且由于碳酸钙体积比原反应物体积大，因此，碳化反应引起的体积膨胀，可能会填充混凝土内部原有的孔隙，进而增加了混凝土的密实度，提高其强度，改善混凝土的渗透性能，在一定程度上可以阻碍 CO_2 和 O_2 向混凝土内部扩散。但另一方面，由于碳化反应降低了混凝土内部的碱度，其内部的 pH 值降低，将会破坏钢筋表面钝化膜，引起钢筋锈蚀，降低钢筋混凝土的使用寿命。

检测方法：在养护至试验龄期的试件表面开孔，喷涂无色酚酞试剂进行碳化深度测试。测量构件的碳化深度时可用合适的工具在测区表面形成直径约为 15 mm 的孔洞，清除孔洞中的粉末和碎屑后，用 1％的酚酞酒精溶液滴在混凝土孔洞内壁的边缘处。当已碳化与未碳化界限清楚时，再用深度测量工具测量已碳化和未碳化混凝土交界面至混凝土表面的垂直距离多次，取其平均值，该平均值即为该测区的碳化深度值，每次读数精确至 0.5 mm。

检测原理：无色酚酞试剂遇到碱性物质会变成粉红，即未经碳化的混凝土遇到无色酚酞试剂后会变成红色，而被碳化后的中性混凝土遇到无色酚酞试剂则不会变色。

(2) 混凝土渗透性检测。

混凝土的渗透性和耐久性密切相关，混凝土材料是一种复杂的多孔材料，是一种渗透体，混凝土的许多性能都与其孔隙体积、孔隙结构和渗透性有关。混凝土的表面渗透性决定了气体、液体以及可溶性有害物质侵入混凝土的难易程度，直接决定着混凝土的碳化、侵蚀、钢筋锈蚀和抗冻融性能，是影响混凝土结构物耐久性最重要的因素之一。

物质（液体、气体或离子）通过混凝土表面的传输过程可以定义为3类：① 吸水性，是指混凝土通过虹吸作用吸收液体填充内部孔隙的性能，主要反映面层混凝土的性能；② 渗透性，是指流体在一定压力梯度作用下穿过混凝土的性能，反映表面层混凝土的性能（深度30 mm以上）；③ 扩散，是指液体、气体或者离子由于浓度梯度沿混凝土自外向内的迁移[41]。

基于上述不同的传输过程，混凝土表面层渗透性能的测试方法大致可以分作3类，即吸水性试验、渗透性试验和离子扩散试验。

1. 吸水性试验

(1) 表面吸水法。

试验前，所有试件均应按规定条件进行预处理：在50 ℃的烘箱中烘24h，或在温度20 ℃、相对湿度55%的试验室中长期放置(一般到质量不再变化为止)[42]。试验装置如图2-1所示。试验时，打开水箱下面的水阀，向水箱中注水，水通过进水管分别流入试件顶面槽及毛细管中，使试件和毛细管充满水。关闭连接水箱的水阀，在10 min、30 min、60 min及120 min时，分别记录毛细管的读数。以读数对时间的变化率来评定混凝土的吸水性，即混凝土的渗透性。

表面吸水法的主要优点是快速、简单、无损，一般浇筑的混凝土表面都可以使用；如果能达到良好的密封性，在骨料外露等不良表面情况下也可以使用。试验最大的缺点除了密封的困难外，可能就是试验结果受混凝土湿含量影响很大。另外，由于表面吸水试验只能测试混凝土面层 10～15 mm 深度左右，并不能反映混凝土基体的性质，对低渗透性混凝土而言，由于通常吸水量很小，难以分辨或评价其渗透性。因此这种方法主要用来预制混凝土构件的质量评定。

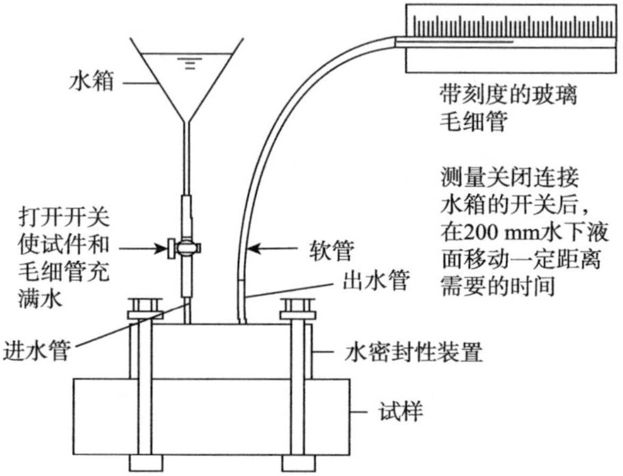

图 2-1　表面吸水性试验

（2）自动化试验。

自动化试验是由 CLAM 试验[43]发展而来，最初只能进行吸水性试验。20 世纪 90 年代 Basheer[43]在他的博士论文里标准化了整个试验过程并实现了试验的自动化，因此这个试验被称作 AUTOCLAM 试验。现在这个试验全部由一个微处理器控制，并且有完整的数据采集和传输设备，结果可以由计算机分析。AUTOCLAM 在英国投入商业应用已经有大约 10 年时间，目前，已经可以进行吸水性、空气和水的渗透性 3 种试验。

这种试验的主要优点是相对简单、容易实现，记录的结果有比较高的准确性，整个装置非常轻便，无论实验室还是现场使用都很方便。缺点是受混凝土湿含量影响比较大，只不过整个使用过程更加简单，密封更加容易。

2. 渗透性试验

渗透性试验包括液体和气体渗透性，通常测试水渗透性和空气渗透性，近年来也有研究提出利用氮气或氧气作为渗透气体的方法。

(1) 抗渗强度等级法。

试验采用高度为 150 mm 的圆台形试件（顶面直径为 175 mm，底面直径为 185 mm）或采用直径与高度均为 150 mm 的圆柱体试件，6 个试件为一组。试验时，水压从 0.1 MPa 开始，以后每隔 8 h 增加水压 0.1 MPa。当 6 个试件中有 3 个试件端面呈有渗水现象时，即可停止试验，记下当时的水压。混凝土的抗渗等级以每组 6 个试件中 4 个试件未出现渗水时的最大压力计算，其计算式为：

$$S = 10H - 1$$

式中：S——抗渗等级；

H——6 个试件中有 3 个出现渗水时的水压力，MPa。

在试验过程中，应注意试件周边的变化，如发现周边有水渗出，则应立即停止试验，重新密封。

该方法的特点是操作和计算简单，适合工程上评价混凝土抗渗性能，但由于试验设备所能施加的压力有限，低渗透性混凝土无法获得试验结果。

(2) Dhir 空气渗透性试验。

Dhir 空气渗透性试验装置是用真空泵抽空已知体积的空腔中的空气到 −100 kPa，然后关闭开关阀。记录压强每上升 10 kPa 经过的时间，最后得到压强随时间衰减的曲线。Dhir 经过理论推导得到公式[44]：

$$\beta = V_C d / A$$

式中：V_C——空腔的体积，m^3；

A——空腔下混凝土的面积，m^2；

d——由压强—时间曲线回归分析得到；

β——空气渗透性指标。

Dhir 试验的优点是有严密的理论分析，试验结果和理论分析相合性很好；对混凝土的湿含量进行了处理，减小了湿含量对试验结果的影响；试验采用负压，不需要其他附属的固定设备来固定器械等。

3. 离子扩散试验法

通常用于反映混凝土抗氯离子扩散性能的指标是氯离子扩散系数和电量。以此为基础研究氯离子扩散性的试验方法主要有自由扩散法、ASTMC1202、RCM 法、NEL 法、交流阻抗法等。

（1）自然扩散法。

自然扩散法是最直接的一种方法，其过程是将养护到试验室环境温度一定龄期的试件在含有氯离子的水中浸泡，浸泡到一定龄期后切片测量不同深度的氯离子含量。由于研究者不同，所采用的试样尺寸和浸泡溶液的离子种类和数量也不同。

自然扩散法的试验时间较长，通常需在含氯离子的溶液中浸泡 90 d 以上龄期。自然扩散法较接近实际情况，容易令人接受，但是由于龄期较长，还要进行切片或者研粉、浸取、电化学滴定、数学拟合等多个步骤，而且无法真正知道混凝土表面的氯离子浓度，因此，检测结果的误差是较大的，通常会在 20%～25%。

（2）ASTMC1202。

ASTMC1202 是美国材料试验协会的关于混凝土抵抗氯离子渗透能力的标准试验方法，即混凝土抵抗氯离子渗透能力评价方法，简称电量法。该方法通过测定流过混凝土的电量，快速评价混凝土的渗透性高低。

这一试验的基本原理是氯化物离子的负电荷将被吸引到正电极；因此，测试期间电荷的传输量就是氯化物渗透混凝土的量[45]。

近年来，国内外不少学者对 ASTMC1202 提出了批评和质疑，认为：

① 电通量和氯离子迁移特性之间不存在直接的关系；

② 混凝土试件两端所加的 60 V 电压太高，试验过程中会使混凝土试件内部产生热量，影响试验结果；

③ 外加剂、掺合料及混凝土的成熟度等均会对混凝土孔溶液组成及离子浓度产生影响，从而影响试验结果；

④ 在 6 h 时测量过程中，电流是在不断变化的，这种变化可能是由于混凝土孔溶液，或者是电极两端的溶液、抑或是电极在发生变化，测量是处于非稳态的。

因此，测量结果误差将受采样多少的影响。对于电流波动大的试样，若仍采用标准中要求的每 30 min 记录一次电流，则会导致较大误差。

（3）RCM。

RCM 即非稳态快速氯离子电迁移测定法[46]，该方法能直接根据氯离子侵入混凝土深度的测定值来导出扩散系数，能定量地评价混凝土抵抗氯离子扩散的能力，有较好地准确度；试验周期较短，一般在几小时到几天等。

该方法采用 ϕ100 mm×50 mm 的试件，打磨光滑后继续浸没于水中养护至试验龄期。试件安装前需进行（120±20）s 超声预处理。试验结束后将试件立即在压力试验机上劈成两半，在劈开的试件表面喷涂显色指示剂，其中含氯离子部分明显较亮；表面稍干后喷 0.1 mol/L$AgNO_3$溶液；然后将试件置于采光良好的试验室中，含氯离子部分不久即变成紫罗兰色，不含氯离子部分一般显灰色。若直接在劈开的试件表面喷涂 0.1 mol/L$AgNO_3$溶液，则可在约 15 min 后观察到白色硝酸银沉淀。测量显色分界线离底面的距离，取平均值作为显色深度。

RCM 适用的条件是：稀的电解质溶液，且被研究离子浓度保持不变，但是混凝土保水后通电时间较长，就会使孔溶液发生变化，另外对渗透深度的测量也会有误差，这些都会对试验结果产生影响，所以 RCM 还是存在着一些不足。

（4）NEL 法。

NEL 法是清华大学路新瀛教授基于离子扩散和电迁移基础上提出的试验方法[47]，实际是饱盐混凝土电导率法。它是将混凝土进行饱盐，使之成为线性元件，然后用 Nernst-Einstein 方程确定混凝土中的氯离子扩散系数。

NEL 法试验的基本原理是：首先把混凝土看成是固体电解质，那么带电粒子 i 在混凝土中的扩散系数与其偏电导 σ_i 有关，此关系即 Nernst-Einstein 方程：

$$D_i = \frac{RT\sigma t_i}{Z_i^2 F^2 C_i}$$

式中：D_i、σ、C_i——粒子 i 的扩散系数、混凝土的电导率、浓度，其单位分别是 cm^2/s、S/cm、mol/cm^3；

t_i——粒子 i 的迁移数；

Z_i——电荷数或者价数；

R——气体常数，为 8.314 J（/mol・K）；

F——Faraday 常数，为 96 500 C/mol；

T——绝对温度，K。

研究表明，NEL 法适用于各种强度等级的混凝土，可灵敏反映混凝土渗透性的细微变化，包括矿物掺合料、养护方法等对混凝土渗透性影响。它可在混凝土饱盐后 5 min 内完成测量，是现有电测方法中最快的方法。

但有关资料显示，对于超高强的混凝土，NEL 的真空饱盐过程破坏了试件原有的孔隙结构，增加其渗透性；难使溶液在混凝土内达到均匀分布，也很难保证高性能的混凝土和较厚的混凝土内部达到完全饱和，试验结果不能真实反映试件的抗氯离子渗透性。

（5）交流阻抗法。

交流阻抗法为近年来发展起来的研究混凝土结构和性质的有力工具。它通过对样品在不同的交流频率下测量其复数阻抗随频率的变化来获得关于样品的各种信息。

阻抗 Z_w 与频率 ω 的关系为[48]：

$$Z_w = \sigma\omega^{-\frac{1}{2}}(1-j)$$

式中：系数 σ 称为扩散阻抗系数，其量纲为 $\Omega \cdot S^{-1/2}$，它是液体中离子扩散难易程度的电化学度量，它与离子浓度 C 和扩散系数 D 的关系为：

$$\sigma = \frac{K}{C\sqrt{D}}$$

式中：K——比例常数。

试验试块与 ASTM 法相同，在试块脱模养护后，把试块 3% NaCl 溶液中浸泡 2h，拭去表面水分后便可进行测试。测试时试块两端面不必置于铜网样品池中，电极可用紧固的不锈钢片来代替。交流阻抗谱测试仪器由 273A 型恒电位仪/恒电流仪、5210 锁相放大器组成，正弦交流振幅为 5 mV，频率为 10～105 Hz。

交流阻抗法试件制作简单，无须进行真空饱和处理，因此不会改变混凝土内部孔结构，并且可以得到更加丰富的信息（氯离子在混凝土中的渗透与混凝土的电阻有关，也与离子在混凝土孔隙中的扩散有关）。

(6) 钢筋自然电位检测。

混凝土孔隙中的水分通常以饱和氢氧化钙溶液的形式存在，预埋在混凝土中的钢筋一旦与这些强碱性的介质接触，在其表面形成一种钝化膜层，使钢筋受到保护不致锈蚀。保护膜在钢筋表面建立起一个稳定的电位，这个电位称为自然电位。当混凝土由于碳化、氯离子侵入等原因使钢筋表面的钝化膜层遭到破坏，成为活态，就会使钢筋易于锈蚀。混凝土中钢筋各处锈蚀程度，其电位也不同，电位差的大小反映了钢筋各处所处的状态。自然电位法就是通过检测预埋在混凝土中钢筋的自然锈蚀电位来评估钢筋的锈蚀状态。

自然电位法检测时可用单电极法和双电极法，前者适用于钢筋端头外露的结构，后者则用于钢筋不外露的结构。单电极法检测时将电极和钢筋分别连在伏特计上，参比电极沿钢筋混凝土结构表面不断移动，测出各点钢筋的电位值，画出自然电位图，然后依照判别标准判断钢筋是否锈蚀。双电极法则需将两参比电极沿钢筋混凝土结构表面移动，若两处钢筋处于相同状态则无电位差，若处于不同状态，如一处锈蚀，一处未锈蚀，则可测出电位差，并可依次判断各处钢筋是否锈蚀。

（7）混凝土电阻率检测。

混凝土电阻率作为一个电学参数，反映单位长度混凝土阻碍电流通过的能力，可用于表征混凝土的结构与性能。混凝土中存在大量的连通或不连通的毛细孔，在这些毛细孔中含有大量毛细孔溶液，这些孔溶液为以饱和 $Ca(OH)_2$ 为主并有其他多种离子的电解质溶液。在电压作用下，电解质溶液中的离子发生电解迁移，从而使混凝土具有不同的电学特性，表征为电阻率、电导率、阻容或阻抗以及介电常数等的不同。鉴于混凝土电学特性与其结构性能之间关系，混凝土电学性能将成为一种快速检测、在线监测和有效评价混凝土微结构形成与发展的新技术。

混凝土电阻率的测量方法按接触方式可分为接触式和非接触式两类，按照施加电压可分为直流电测试法和交流电测试法。接触式方法是一种传统的测试方法，非接触式方法是近年来开始采用的新方法，但目前主要采用接触式方法。对于接触式电阻率测试方法，采用交流电桥测量可消除直流电流的极化作用对测试值的影响。按照适用场合分类，电阻率测试方法可分为实验室测试法和现场测试法。常见的混凝土电阻率测试方法有端电极电阻率测定法、二电极法、四电极法、无电极电阻率测定法和交流阻抗法。二电极法和四电极法适用于现场混凝土结构电阻率的测试。

（8）混凝土冻融损伤检测。

混凝土冻融损伤检测，需要测试构件表面剥落面积、测量表面的总面积以及冻融损伤深度。冻融损伤深度宜采用钻芯法取样检测：

① 在受冻构件表面测量剥落深度，每个剥落处不少于 3 个测点；

② 在受到相同冻融影响的构件上钻取混凝土芯样，芯样数量不应少于 6 个，直径不应小于 100 mm，长度不应小于 100 mm，所有芯样均应包含受冻层。

(9) 混凝土中氯离子含量分布检测。

① 铬酸钾指示硝酸银滴定法。

先将样品粉末在一定量的水中溶解，并用硝酸滴定，直到溶液由碱性变为中性，然后用硝酸银标准溶液进行滴定，以二级微商法确定硝酸银标准溶液所用体积，最后结合空白试验即可计算出样品中的氯离子重量。这是一种在试验室内进行的标准方法。据有关文献介绍，此方法检出的是样品中游离态的氯离子，通常检出量是样品中全部氯离子（含固化氯离子）的 50%左右；如果对样品溶液进行煮沸，检出的量可达到 80%左右。

② 电位滴定法。

电位滴定法是通过测量滴定过程中电池电动势的变化，来确定滴定终点的滴定方法。电位滴定法靠电极电位的突跃来指示滴定终点，在滴定到达终点前后，滴液中的待测离子浓度往往连续变化 n 个数量级，引起电位的突跃，被测成分的含量通过消耗 $AgNO_3$ 量来计算。

根据《建筑结构检测技术标准》（GB/T 50344—2004）附录中的公式计算 Cl^- 的含量。电位滴定法采用仪器分析指示终点变化，消除了对颜色变化人为识别的差别，比较适宜含量较高而且有颜色干扰的样品 Cl^- 含量的测定。缺点是银电极的本身结构不稳定，造成重复性较差，电极的维护比较麻烦，操作比较繁琐[51]。

③ 离子色谱法。

固体试样用氢氧化钾溶融，用硝酸脱样。对制备好的水溶液样品进行酸碱度调节，pH=7 时进入色谱柱进行分离检测；对液体试样进行酸碱度调节，pH=7 时，直接进入色谱柱分离定量。

离子色谱可同时测定水样中的多种离子，其操作简便、分辨率和灵敏度高、效率高，同时用氯标准系列对样品定量准确。但采用离子色谱方法时仪器投入大，广泛应用还有困难。此外，离子色谱方法主要适用于水样的测定，对于固体样品，前期处理较为复杂。

④ ASTM 方法。

根据《砂浆和混凝土中水溶性氯离子的标准检测方法》（ASTMC1218/C1218M）的规定，该方法的试样制备过程为：选择大约 10 g 的样品（由混凝土样品制成的粉末），重量精确到 0.01 g，倒入 250 mL 的烧杯中。加入（50±1）mL 的试剂（符合 ASTMD1193 的要求），用透明玻璃盖上，煮沸 5 min，并放置 24 h。使用 ASTME832 中规定的 Fine-Texture Ⅱ型 G 级滤纸进行过滤。将滤液倒入 250 mL 烧杯中，并加入（3.0±0.1）mL 1∶1 的硝酸和（3.0±0.1）mL30％的过氧化氢溶液（加入过氧化氢是为了减小硫化物对检测结果的影响）。用透明玻璃盖住并放置 1～2 min，然后加热并快速煮沸，冷却后可进行检测。检测方法也采用滴定法，检测所需的设备、试剂、测试过程应符合《水硬性水泥的化学分析测试方法》ASTMC114 的有关要求。

⑤ 蒸馏-汞盐滴定法。

该方法是建材行业标准《JC 476—2001 混凝土膨胀剂》中规定使用的，即用规定的蒸馏装置在 170～280 ℃的温度梯度下，以磷酸和过氧化氢分解试样，以净化空气作载体，进行蒸馏分离氯。用 0.1 mol/L 硝酸作吸收液，蒸馏 58 min（视含量而定）后，向蒸馏液中加入相当于体积 75％的乙醇。pH 值约为 3.5，以二苯偶氮碳酰肼为指示剂，用硝酸汞标准溶液进行滴定。

⑥ RCT 法。

丹麦 Germann 公司有一种现场检测混凝土中氯离子含量的方法，即 RCT 法。近几年，国内的一些检测单位也已开始使用。其检测程序是：将一定量的混凝土样品粉末放入配制好的某种酸性萃取液中，摇匀并放置一定时间后，将选择性电极浸入溶液中，读取电压毫伏值，然后根据事先标定的电压值—氯离子含量曲线，直接计算出氯离子含量。

（10）混凝土中硫酸根离子浓度检测。

混凝土中硫酸根离子浓度检测按国家标准《水泥化学分析方法》（GB/T 176）中 SO_3 含量测定方法确定。

该检测方法的原理是用盐酸分解试样生成硫酸根离子，在煮沸下用氯化钡溶液沉淀，生成硫酸钡沉淀，经过滤灼烧后称量。测量结果以三氧化硫计。称取约 0.5 g 试样，精确至 0.0001 g，置于 200 mL 烧杯中，加入 40 mL 水，搅拌使试样完全分散，在搅拌下加入 10 mL 盐酸（1＋1），用平头玻璃棒压碎块状物，加热煮沸并保持微沸 5～10 min。用中速滤纸过滤，用热水洗涤 10 次～12 次，滤液及洗液收集于 400 mL 烧杯中。加水稀释至约 250 mL，玻璃棒底部压一小片定量滤纸，盖上表面皿，加热煮沸，在做拂下从杯口缓慢逐滴加入 10 mL 热的氯化钡溶液，继续微沸数分钟使沉淀良好地形成，然后在常温下静置 12～24 h 或温热处静置至少 4 h，溶液的体积应保持在约 200 mL。用慢速定量滤纸过滤，用热水洗涤，用胶头擦棒和定量滤纸片擦洗烧杯及玻璃棒，洗涤至检验无氯离子为止。

将沉淀及滤纸一并移入已灼烧恒量的瓷坩锅中，灰化完全后，放入 800～950 ℃高温炉内灼烧 30 min 以上，取出坩锅，置于干燥器中冷却至室温，称量，反复灼烧直至恒量或者在 800～950 ℃下灼烧 30 min，置于干燥器中冷却至室温后称量。

（11）混凝土碱含量检测。

碱一骨料反应（Alkali-Aggregate Reaction，AAR）是影响混凝土耐久性的重要因素之一，指混凝土孔溶液中由水泥、含碱外加剂和环境等释放的 Na^+、K^+、OH^- 与骨料中的有害矿物发生具有膨胀性化学反应，导致混凝土膨胀和开裂。

依据 GB/T 176—2017 标准中碱含量的测定方法：称取 0.2 g 试样，精确至 0.0001 g，置于铂皿中，加入少量水润湿，加入 5～

7 mL 氢氟酸和 15～20 滴（1+1）硫酸，放入通风橱内低温电热板上加热，近干时摇动铂皿，以防溅失，待氢氟酸驱尽后逐渐升高温度，继续将三氧化硫白烟驱尽，取下冷却。加入 40～50 mL 热水，压碎残渣使其溶解，加入 1 滴 2 g/L 甲基红指示剂，用（1+1）氨水中和至黄色，再加入 10 mL、100 g/L 的碳酸铵溶液并搅拌，然后放入通风橱内电热板上加热至沸，并继续微沸 20～30 min。用快速滤纸过滤，用热水充分洗涤，滤液及洗涤液收集于 100 mL 容量瓶内，冷却至室温。用（1+1）盐酸中和溶液呈微红色，用水稀释至标线并摇匀。在火焰光度计上测定。

检测原理：根据分子结构理论进行分析，那么则是原子外部的电子会实现轨迹运行，且在火焰加热后，在热能刺激下电子就会脱离原先的轨道。但是，因原子核产生的吸引力，电子也会从之前受激之后的能级回归到之前状态中，那么电子就要产生能量上的释放，可以以元素特定波长的光谱作为表示。如果以火焰光度进行考虑，那么虽然被测量元素在含量上与发生的光谱强度有直接关系，但是因受热能激发能量限制，所以在应用范围上相对较小，主要应用在一些碱土金属的定量分析方面。

（12）骨料碱活性检测。

骨料碱活性检测方法主要分 3 类：

① 通过岩相鉴定检验骨料中是否含有活性组分的岩相法；

② 以骨料与碱作用后所产生的膨胀率大小作为判据的测长法；

③ 按骨料在碱液中的反应程度作为判据的化学法。

① 岩相法。

岩相法是指通过肉眼观察和借助光学显微镜鉴定骨料的岩石种类、矿物组成及各组分含量，并依此判断骨料的碱活性。完整的岩相分析需借助 X 射线衍射分析、差热分析以及红外光谱分析等。

该方法的优点是速度快，可直接观察到骨料中的活性成分。岩相鉴定结果对其后选择合适的检测方法有很重要的指导作用，一直作为骨料碱活性鉴定的首选方法。缺点是得不到活性组分含量与膨胀率的定量关系，且此法需要有深厚的专业知识。

② 化学法。

化学法是在 AAR 研究早期提出，主要是和砂浆棒法（ASTMC227）配合使用，是国际上公认的传统方法。其主要原理是：取一定量规定粒度范围的骨料和一定浓度的 NaOH 溶液反应，在规定条件下，测定溶出的 SiO_2 浓度 S_C（mmol/L）及溶液的碱度降低值 R_C（mmol/L），依此判断骨料是否具有碱活性。若 $R_C>70$ 且 $S_C>R_C$ 或 $R_C<70$ 但 $S_C>35+R_C/2$ 为活性骨料。对某一骨料，若被 C289 判定为非活性骨料，则无须进行砂浆棒膨胀试验；若被该方法判为活性骨料，则必须进行砂浆棒膨胀试验，依砂浆棒法的结果作为最终判据。

C289 的最大缺点在于非 SiO_2 物质的干扰，如碳酸盐（方解石、碳酸镁、碳酸铁）、水化硅酸镁、石膏、沸石、粘土矿物、有机物、铁的氧化物和铝酸盐等。

③ 砂浆棒法。

该法以骨料与碱作用后所产生的膨胀率大小作为判据，骨料采用 5 级配。水泥为高碱波特兰水泥（碱含量大于 0.6%），灰砂比为 1∶2.25。流动度为 105～120 mm，试件尺寸为 25 mm×25 mm×285 mm。成型后 1 d 脱模，测初始长度为基准，然后在 38 ℃条件下养护，并测定不同龄期试件长度变化。若 3 个月膨胀率小于 0.05%，6 个月小于 0.1%则为非活性骨料。

该法存在如下问题：① 测试结果受湿度控制精度的影响。② 水泥碱含量的规定不科学，最初限水泥为高碱波特兰水泥，水泥碱含量>0.6%；后来又补充提出最好大于 0.8%。加拿大的研究表明，满足规定碱含量的水泥完全可以给骨料下 2 种相反的结论，因此推荐使用碱含量 1.2%，若不足此值，外加 10%NaOH 溶液调整。③ 水灰比不确定，用水量靠控制流动度确定。研究表明，在规定的流动度范围内，不同的水灰比会导致相反的结论。

（13）混凝土含水量检测。

检测混凝土含水率可采用微波法、电阻法和中子散射法，也可以在混凝土构件上取一混凝土试样，用烘干法测定。

微波法是利用水具有吸收微波的特性，检测微波未穿过混凝土的衰减量而确定混凝土的含水量。

混凝土含水量越高，其电阻就越低，所以测量混凝土的电阻值也可以确定混凝土的含水量。

中子散射法是应用中子含湿量测定仪测量混凝土含水量。氢是快中子的减速剂，当快中子通过混凝土时，记录快中子衰减成慢中子的数量可确定混凝土的含水量。

（14）混凝土裂缝检测和内部缺陷。

混凝土裂缝深度一般用超声波法检测。对于裂缝深度小于500 mm的裂缝，可采用：1）对测法。一对发射和接收换能器分别置于被测结构相互平行的两个表面，且两个换能器的轴线位于同一直线上；2）斜测法。一对发射和接收换能器分别置于被测结构相互平行的两个表面，但两个换能器的轴线不在同一直线上；3）单面平测法。一对发射和接收换能器置于被测结构同一表面上。对于裂缝深度大于 500 mm 的裂缝，应在裂缝两侧钻两个平行的孔洞，孔洞间距 200 mm，孔深比探头大 5～10 mm，孔深比裂缝深度大 70 mm，采用孔中对测、斜测和平测测量。

检测混凝土内部缺陷可采用超声波法、声发射法、雷达法、红外线热谱法。前面对这些检测方法已作介绍。

2.1.2 钢筋检测

混凝土结构中钢筋的检测主要包括钢筋数量、位置、钢筋外的混凝土保护层厚度和钢筋腐蚀程度的检测。

1. 钢筋保护层厚度与位置的检测

钢筋的检测可以直接在混凝土构件上进行，凿去混凝土构件上需要检测部位的保护层，直接量测钢筋的数量、直径和保护层厚度。这类方法对混凝土构件有一定的损伤，用这种方法检测时应轻轻凿去混凝土保护层，以免过多地损伤结构，检测后应及时补平，这种方法一般尽可能少用。

检测钢筋保护层厚度和位置也可以用非破损法。非破损检测方法是指在不破损混凝土内部结构和使用性能的情况下，利用声、电、磁和射线等方法，测定有关钢筋位置、保护层厚度的方法。目前主要有电磁法、雷达法和超声法。

2. 钢筋锈蚀状况检测

钢筋锈蚀的检测方法主要分为电化学法和物理方法，电化学法主要包括盐水浸渍试验、钢筋锈蚀快速试验方法、半电池电位测量法、混凝土的电阻率法、锈蚀电流密度法、线性极化法。物理方法包括失重法和截面法、干湿冷热循环试验法。

（1）盐水浸渍法。

盐水浸渍法[52]主要应用于对阻锈剂性能评价检测试验中。该实验是将打磨、清洗处理后的直径 10 mm、长 50 mm 的 Q235 钢筋试棒，表面粗糙度为 Ra6.3 μm，浸泡在 1.15%氯化钠饱和氢氧化钙配制而成的模拟混凝土孔隙液中。通过钢筋锈蚀仪、电压表、恒电位、恒电流仪等设备，并借助于甘汞参比电极，观测 7 d 以后钢筋的锈蚀情况。

该方法仪器设备简单，试验周期短，能够较好较快地对钢筋的锈蚀情况作出判断，但是只是定性的判断钢筋的锈蚀情况，没有具体的定量确定钢筋的锈蚀程度的指标。

（2）极化曲线法。

该方法通过钢筋在新拌或硬化砂浆中阳极和阴极的极化曲线来判断钢筋锈蚀情况，主要用于测定外加剂对混凝土中钢筋的锈蚀作用。

将处理过的钢筋棒和甘汞参比电极埋入掺有外加剂的新拌砂浆中，以两根钢筋棒为正负极、甘汞电极为参比电极。测试未通电流前钢筋棒在新拌砂浆中的阳极钢筋的自然电位 V（钢筋阳极和甘汞电极之间的电位差值）。然后外加电流，依次记录不同时间的阳极极化电位值。试验结果表示为电位-时间曲线；如果该曲线为图 2-2 曲线①所示，即在电极通电后阳极钢筋的电位曲线迅速上升，在 1～2 min 内达到析氧电位并且在 30 min 后测试电位值没有明显的下降趋势，判断所测定的外加剂对钢筋是没有危害的；如果电极通电后电位值迅速升高继而逐渐下降，如曲线②，可以判定钢筋表面的钝化膜部分被破坏；如果出现曲线③所示的情况，表示钢筋表面的钝化膜已被严重破坏。

此方法设备简单，测量速度快，实验数据易于处理。可以快速定性地判定出外加剂对钢筋的阻锈性能。

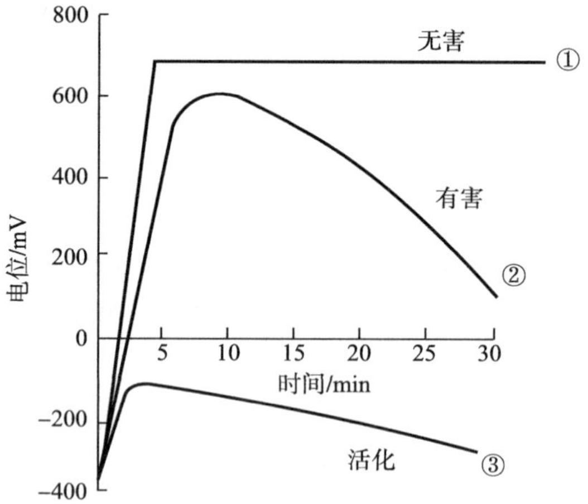

图 2-2　电位—时间曲线分布图

（3）半电池电位法。

半电位电池法[53]主要用于定性判定钢筋的锈蚀状态。利用钢筋锈蚀的电化学过程中阳极区和阴极区之间的电位差值，在钢筋上形成短路的腐蚀电偶，通过测定钢筋、混凝土与在混凝土表面上参考电极之间的电位差，评定钢筋的锈蚀状态。在电位较负处，钢筋为腐蚀区，发生阳极反应：而在电位较正处，钢筋未发生腐蚀的阴极区，发生阴极反应。具体操作方法：按照图 2-3 所示，将参比电极放在处理过的试验构件的混凝土表面上，通过盐桥和混凝土表面接触，参比电极连接伏特计的负极，构件中的钢筋连接伏特计的正极。

该方法的测量仅仅是对钢筋腐蚀的概率判断，具有很大的不确定性，还需要结合其他腐蚀信息采用其他的测试方法定性、定量判断，而且不能测量钢筋锈蚀的速率。

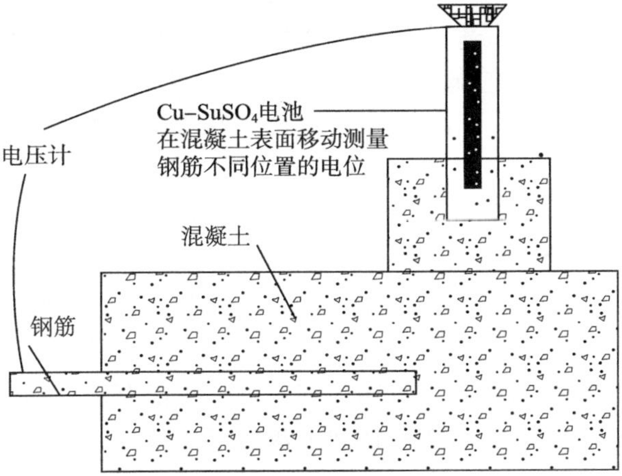

图 2-3　Cu/$CuSO_4$ 半电位电路图

（4）失重法和截面法。

该方法通过测算钢筋的腐蚀面积和腐蚀重量来反映钢筋的锈蚀情况。试验前称重（用酸清洗并用纱布打磨至光亮在干燥器里烘干）并计算钢筋的表面积，将试验钢筋放在模拟混凝土孔隙液中一定时间后，取出钢筋测量锈蚀率和失重率。锈蚀率的标定方法为用玻璃纸绘出钢筋表面的锈蚀面积，然后将其复印在方格纸上。失重率的标定方法为：将钢筋通过酸洗把锈蚀产物洗掉，用两根光亮钢筋作为空白对照试验，在干燥器中烘干、称重，计算钢筋的失重率。

钢筋的截面法和失重法简单、直观、容易操作，是一种测量钢筋腐蚀的基本方法，但是只适用于全面腐蚀，对于有选择性的局部腐蚀不适用。且这种测量方法受环境、样品制备以及操作过程等影响很大，在计算锈蚀面积和失重重量时，由于锈蚀点的深度不同，结果存在较大误差，测量实验数据时还需要对构件进行破坏。

（5）干湿冷热循环试验。

该方法用于评价氯离子对掺阻锈剂混凝土中钢筋锈蚀程度的影响。具体试验方法是制备出掺加阻锈剂的砂浆，将钢筋棒埋入砂浆中，将养护 7 d 后的试件浸泡在 3%NaCl 溶液中 16 h，取出来在 75 ℃的烘干箱中烘 4 h，然后再取出来在室温下放置 4 h，以上三个步骤为一个循环，进行 60 个循环后检测钢筋的锈蚀情况，并将其和空白试验作对比。若钢筋表面没有出现锈蚀情况则阻锈剂合格，否则为不合格。

该试验方法能够较好模拟混凝土中钢筋所处的环境，但是试验周期比较长，而且结果的处理需要对混凝土进行破坏，在一定程度上增加了试验结果误差，对钢筋的锈蚀评价没有定量判断。

（6）混凝土的电阻率和锈蚀电流密度法。

通过测量混凝土的电阻率和钢筋的电流密度判别混凝土中钢筋的锈蚀速率，但是此方法的不足在于测量和判断结果受混凝土中含水率的影响显著。

（7）线性极化法。

线性极化法[54]主要基于 Stern-Geary 公式，对被测钢筋外加一个范围极小的极化电位，保证扰动信号足够小，使电压与电流之间满足线性关系。

线性极化检测方法相对简单，数据的重复性较好，仪器简单，可用于现场操作，而且是一种非破坏试验构件的试验方法，但是测试结果受检测条件的影响很大，在试验过程中，需要记录极化时温度、湿度等条件，混凝土含水率对测试结果影响很大，并且难以确定受到极化的钢筋表面积，存在一定的误差。

2.1.3 结构及构件变形检测

混凝土结构及构件变形的测量对服役混凝土结构耐久性鉴定是必不可少的，特别是那些存在质量问题和使用年代较久的混凝土构件。

梁、板的挠度通常可以用现场静载试验法测试。在混凝土梁或板上做静力加载试验（非破坏性试验），并在加载过程中测量梁和板的挠度。量测挠度的仪表通常采用的是百分表或位移计。百分表属于机械式位移测量器。目前在静载试验中所用的位移计通常是电测试位移量测表，其优点是量程大，能远距离读数、自动记录，并可将测试信号直接输入计算机进行数据采集和处理，量测较方便。关于测试点的布置，除了在最大挠度处设置测点，还应在构件两端（支座处）设置测点量测支座处的变形，在分析数据时应扣除由此产生的误差。

可以采用水准仪测量混凝土梁板的挠度。将标杆分别垂直立于梁板的跨中和支座，通过水准仪同一高度时标杆的读数，根据支座与跨中读数的对比，就可以得出梁板跨中的挠度值。由于立标杆和测量时都可能存在一些误差，所以测出的挠度值不易做到精确。还可以在梁板构件的支座之间拉紧一条细钢丝，测量跨中细钢丝和梁板之间的距离，该距离就是梁板的挠度。由于细钢丝是否能被拉紧直接影响测量的结果，一般来讲这种方法的测量误差相对比较大。

如果有必要测混凝土结构的倾斜，可以用经纬仪来测量。混凝土结构的沉降观测主要采用水准仪，目前已有光传感器的产品，将光传感器测试技术用于混凝土结构的沉降测试。

2.2 混凝土结构耐久性监测方法及案例

钢筋腐蚀是影响混凝土结构耐久性的首要因素，通过“监测预警”，即被动信号监测、模型推算和评估，如果能预报混凝土中外层钢筋脱钝的时刻及其发生腐蚀的速率，即可确定最佳维护和修复方案，避免产生大的经济损失和不测事故的发生。因此，欲提高混凝土结构耐久性，其着眼点就是首先要预测钢筋的脱钝时间，然后在钢筋脱钝前进行“耐久性再设计”。

目前，国内外都投入了相当的研究力量，并取得了丰硕成果。其中，欧盟 DuraCrete2 提出的“耐久性再设计”是目前公认的有效措施，而混凝土结构耐久性无损监测则是其实施的基础；同时，它可为将来可能需要的腐蚀防护或修复腐蚀措施的科学决策提供依据。对于无法或难以检查或抵达的结构，如海洋中的桩基、海底隧道的外衬，无损监测系统更是无法替代，监测系统提供的数据可为工程寿命提供判据。

2.2.1 耐久性监测技术发展

20 世纪 80 年代末，欧洲开始研发腐蚀监测系统，其中有德国亚谭工业大学的梯形阳极混凝土结构预埋式腐蚀监测传感系统[55]（Anode-Ladder-System，见图 2-4）和丹麦的 FORCETechnology 公司的环形多探头阳极混凝土结构腐蚀监测系统（Nagel-System，见图 2-5），这两个系统在欧洲及非洲很多大型混凝土结构工程中得到了应用。两者的共同原理都是把传感器安装在结构内部，根据不同高度阳极的脱钝腐蚀情况来提前预警钢筋的腐蚀时间。

图 2-4 Anode-Ladder-System 系统

图 2-5 Nagel-System 腐蚀监测系统

对于以上两种传感器，不同高度阳极的脱钝判据基于电化学宏电池腐蚀原理。然而，大量研究表明，当混凝土内部相对湿度处于一般或较低水平时，由于混凝土电阻率较大，电化学微电池腐蚀占据主导地位；只有当混凝土内部相对湿度很大（大于 90%）时，宏电池腐蚀才成为主控因素，但过大的内部湿度会导致阳极表面电子聚集引起自腐蚀电位显著负移，即使阳极处于钝化态，测试得到的宏电流仍会显著增加，表现出已经脱钝的假象。因此，宏电流测试技术只适用于一般湿度条件，且要求阴阳极间距很小，否则由于混凝土电阻的影响会造成测试得到的宏电流数值较小，不容易判断钢筋腐蚀的情况；特别是对于水下区混凝土的腐蚀监测，以上两种传感器并不适用。

美国 Virginia Technologies 研发的 ECI 腐蚀监测系统则有了实质性的改进[56]。该传感器可实现 5 个主要参数的测试，分别为线性极化电阻、开路电位、混凝土电阻、氯离子浓度、温度。基于微电池测试技术，采用氧化锰固体参比电极，通过测试碳钢工作电极的开路电位和线性极化电阻来判定钢筋的腐蚀状态；借助于银/氯化银参比电极，可实现氯离子浓度的监测；混凝土电阻率采用了更为合理的四电极测试技术，较阳极梯传感器的两电极法可信度更高。

国内也有大量研究人员和机构进行混凝土耐久性传感器的研制和开发。近年来诞生的多项关于混凝土中钢筋腐蚀监测的发明专利在一定程度上反映了国内同行在这方面的不懈追求，也反映了这个研究领域活跃的现状。赵永韬[57]的发明涉及一种测试和分析材料耐腐蚀性能和钢筋腐蚀速度的仪器，可测量腐蚀体系的极化电阻、塔菲尔斜率等参数；宋晓冰等[58]公开的发明涉及一种钢筋混凝土构件中的钢筋腐蚀长期监测传感器，可用于直接对腐蚀发生的载体（钢筋）进行实时测量，确定腐蚀介质入侵锋面距离钢筋的距离；吴瑾等人[59]公开了一种基于光纤光栅的钢筋腐蚀监测方法，由光栅波长移动量及速率推断钢筋腐蚀程度与速率的关系；梁大开等人[60]的发明涉及长周期光纤光栅的钢筋腐蚀监测方法及其传感器，通过判断光栅是否发生了弯曲来推断钢筋腐蚀的程度与速率。中国国家金属腐蚀与防护国家重点实验室对金属锈蚀的在线无损腐蚀电化学监测技术进行了系统研究[61]，并开发了相应的电化学传感器等探测仪样机。吴文操[62]采用无线监测技术，研究改进了基于射频技术的钢筋腐蚀无线传感器，并进行了电路分析和传感器实验研究。

2.2.2 工程案例

2.2.2.1 港珠澳大桥

1. 工程概况

港珠澳大桥跨越珠江口伶仃洋海域，是连接香港、珠海、澳门的大型跨海通道，是国家高速公路网规划中珠江三角洲地区环线的组成部分和跨越伶仃洋海域的关键性工程[63]。

大桥海中桥隧工程总长约 35.6 km，其中香港段长约 6 km，粤港澳三地共同建设的主体工程长约 29.6 km。主体工程分为桥梁工程和岛隧工程两部分，其中岛隧工程包含 2 个面积各约 10 万 m^2 的人工岛以及长约 6.7 km 的沉管隧道，桥梁工程长约 22.9 km，分为青州航道桥、江海直达船航道桥、九洲航道桥、深水区非通航孔桥、浅水区非通航孔桥。

2. 腐蚀环境划分

不同的腐蚀环境，混凝土结构的耐久性劣化速率不同。因此，确定港珠澳大桥的腐蚀环境划分区域是进行耐久性实时监测设计的前提，表 2-2 给出港珠澳大桥腐蚀环境划分区域。

表 2-2　港珠澳大桥腐蚀环境划分

腐蚀环境	大气区	浪溅区	水变区	水下区
标高高程/m	＞＋6.26	＋6.26～－0.40	－0.40～－2.10	＜－2.10

3. 耐久性监测传感器的选用

目前，市场应用较多的混凝土结构耐久性监测传感器主要有德国的阳极梯传感器、丹麦的 CorroWatch 传感器以及美国的 ECI-2 耐久性监测传感器。这几种传感器只能定性的判断钢筋的腐蚀状态，无法定量监测混凝土中氯离子的渗透情况。ECI-2 耐久性监测传感器中包含有钢筋电极、辅助电极、参比电极，采用线性极化测试方法能够实时监测钢筋的腐蚀速率以及钢筋的腐蚀电位另外，传感器中还集成了氯离子探针和混凝土电阻率探针，可以实时定量监测混凝土中的氯离子浓度和混凝土的电阻率。因此，港珠澳大桥主体混凝土结构耐久性监测的传感器选择 ECI-2 耐久性监测传感器。

4. 监测点分布设计

全桥共设置 13 个监测点，其中，通航孔桥的主塔及承台设置 4 个监测点，非通航孔桥的桥墩设置 3 个监测点，岛桥结合部的混凝土箱梁设置 3 个监测点，沉管隧道设置 3 个监测点。

① 通航孔桥监测点设置。

港珠澳大桥所处的伶仃洋海域以东风和东南风为主，通航孔桥主塔的东侧相对于其他侧腐蚀风险更大，腐蚀更为严重。因此，通航孔桥主塔的监测点设置在主塔的东侧。共设置 4 个监测点，其中 3 个监测点位于浪溅区，1 个监测点位于大气区。考虑到处于水变区和浪溅区的混凝土构件均为主塔的承台，其混凝土体系、保护层厚度和施工工艺均相同，因此未在水变区设置监测点。浪溅区的监测点分布在 57 号、140 号和 207 号桥墩，设置标高为＋4.8 m，大气区的监测点设置在 57 号桥墩，设置标高为＋8.5 m，监测点位置如图 2-6 所示。

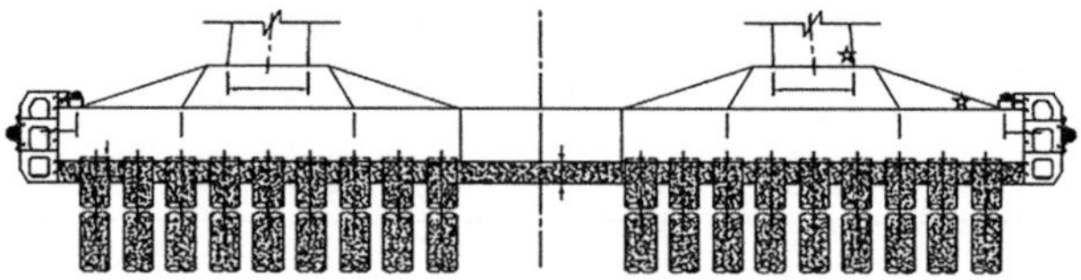

（a）57号墩

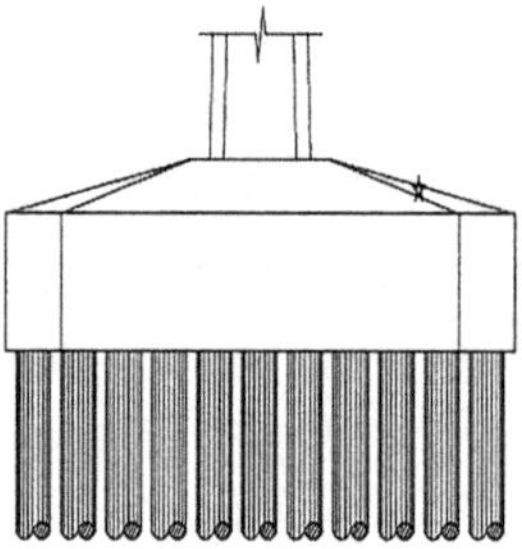

（b）207号墩

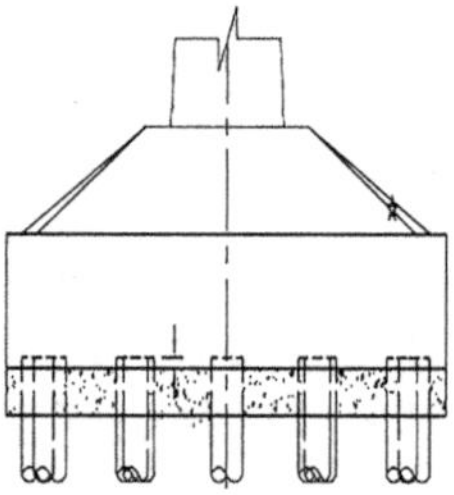

（c）140号墩

注：☆表示监测点位置

图 2-6　通航孔桥监测点布置示意图

② 非通航孔桥监测点设置。

与通航孔桥一致，非通航孔桥的监测点也布置在桥墩的东侧。非通航孔桥共设置 3 个监测点，其中 2 个监测点位于浪溅区，1 个监测点位于大气区。浪溅区的监测点分布在 119 号桥墩和 162 号桥墩，设置标高为＋3.5 m，大气区的监测点设置在 119 号桥墩，设置标高为＋8.5 m，如图 2-7 所示。

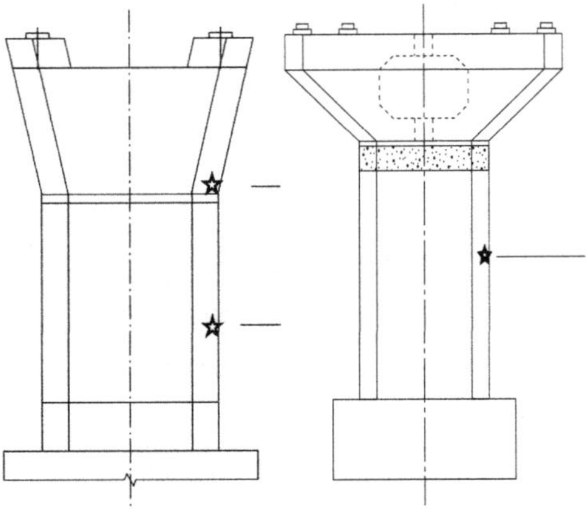

注：☆表示监测点位置

图 2-7 非通航孔桥监测点设置位置示意图

③ 混凝土箱梁监测点设置。

东西人工岛岛桥结合部的混凝土箱梁是面临耐久性问题较为严重的混凝土构件，因此需要在箱梁上设置监测点。东西人工岛岛桥结合部的混凝土箱梁共设置 3 个监测点。箱梁底面，尤其是底面的中部是受拉应力最大的位置，在腐蚀环境条件下，其耐久性劣化相对于其他部位更加严重。综合考虑腐蚀环境和受力状态这两种影响箱梁耐久性的因素，3 个监测点均设置在箱梁底部，其中 2 个位于浪溅区，1 个位于大气区，浪溅区监测点的标高为＋5.5 m，大气区监测点的标高为＋8.5 m。

④ 沉管隧道监测点设置。

沉管隧道是港珠澳大桥的重要组成部分，沉管隧道位于海底，一旦出现耐久性问题，带来的后果将是灾难性的。因此，必须实时监测沉管隧道混凝土结构的耐久性，确保沉管隧道的安全服役。港珠澳大桥沉管隧道分为暗埋段和敞开段，监测点的设置分布于暗埋段和敞开段，共设 3 个监测点。其中，沉管内壁设置 2 个监测点，分别位于西人工岛敞开段（距暗埋段洞口 140 m）和 E14 管节的顶面（靠近 E15 管节接头处）；沉管外壁设置 1 个监测点，位于 E14 管节的侧面。

5. 传感器的预埋设计

单一的 ECI-2 耐久性监测传感器仅能监测混凝土保护层中某一深度的氯离子含量，不能监测不同深度的氯离子浓度，无法预测耐久性剩余使用寿命。为了实时监测混凝土保护层中氯离子浓度及其深度分布，在每个监测点等间距预埋安装 4 个 ECI-2 耐久性监测传感器，以实现保护层中不同深度氯离子浓度的实时监测，得出氯离子浓度深度分布，判断大桥混凝土结构的耐久性状况和预测剩余使用寿命。浪溅区和沉管外壁的保护层厚度为 70 mm，传感器监测面距混凝土表面的距离为 15 mm、30 mm、45 mm 和 60 mm；大气区的混凝土构件混凝土保护层厚度为 50 mm，传感器监测面距混凝土表面的距离为 12 mm、25 mm、37 mm 和 50 mm。

6. 数据的采集与传输

为获得港珠澳大桥主体混凝土结构从建设期开始，服役期间的耐久性关键参数的变化规律，数据的采集与传输采用 3 种方式进行。建设期，由于现场的供电和光纤尚不完备，数据的采集与传输主要采用定期的现场人工采集；大桥通车后，为实现实时数据采集与传输，数据的采集与传输以 3G 网络进行远程无线传输，将监测数据传输给相关单位；同时，考虑到 3G 网络的不稳定性（如网络中断或没有信号），为及时获得耐久性关键参数的数据，还利用大桥中铺设的通信光纤将数据实时传输到监控中心。

2.2.2.2 杭州湾跨海大桥

1. 工程概况

杭州湾跨海大桥（以下简称“大桥”）全长 36 km，其中跨越海域约 32 km。大桥主体结构除南、北航道的钢箱梁外，其余均为混凝土结构，混凝土用量近 250 万 m^3。杭州湾是世界三大强潮海湾之一，风浪大、潮差高、海流急，海水虽受长江、钱塘江和曹娥江江水冲淡影响，但氯离子含量仍在5.54～15.91 g/L，受潮汐和地形影响，海潮流速较大，平均最大流速在3 m/s以上；海水含砂量较大，实测含砂量0.041～9.605 g/L。因此，采用电极阵列传感器对杭州湾跨海大桥混凝土进行实时跟踪监测。

2. 传感技术简介

电极阵列传感器（electrode array sensor）由浇注在树脂玻璃模具中的10对阳极阵列组成，每组阳极对包括直径1.2 mm无应力状态的不锈钢棒，阳极棒的端头切削成长度为5 mm的感应头。水平方向每对阳极棒的中心轴间距为5 mm；垂直方向每对阳极棒的中心轴间距为5 mm，因此该传感器可监测到高度为50 mm的10个不连续点的电导信息。同时，阳极棒5 mm端头距树脂玻璃的距离相对较远，大于混凝土的最大粗集料（直径5 mm）。为获取传感器按照部位的温度场信息，安装了电热调节器，分别距离混凝土暴露面为10 mm、20 mm、30 mm和40 mm，该技术可同时测量表层混凝土的水分、有害离子浓度及湿度变化，对判断混凝土耐久性指标起重要作用。

该传感器提供混凝土保护层的长期性能信息，可以监测混凝土保护层的电阻率电导率、湿度、温度等变化，该传感器特性如下：

① 采用智能传感器设计理念，将各种传感器集成至一个传感包内；

② 可监测锈蚀发生及扩展过程；

③ 可将传感器依据监测需要，埋设至混凝土预定位置；

④ 可实现长期监测，传感器具有抗击恶劣环境的能力；

⑤ 采用高性能的LCD显示器和数据存储设备进行数据记录；

⑥ 可实现准分布式监测，集合各监测点至采集盒内；

⑦ 软件功能简单，复位按钮可方便进行重新设置；

⑧ 采用无线互联网可实现数据的远程传输；

⑨ 可采用太阳能供电。

3. 试验平台

电极阵列传感器安装时，杭州湾跨海大桥处于运营期，因此，利用杭州湾跨海大桥的现场暴露试验站作为工程应用的试验平台，现场暴露试验站选址在跨海大桥海中平台的下方，海中平台选址河床稳定，环境代表性好。为有效地评估杭州湾跨海大桥的混凝土耐久性，试件配合比采用与杭州湾跨海大桥相同的配合比资料。

暴露试验站设置大气区、浪溅区、潮差区和水下区等 4 个分区，5 个试验平台。各层平台顶面高程确定的原则是能够充分代表海洋环境不同垂直区域对结构的不同影响因素，使置放于该层试件的试验结果充分代表典型环境分区试验条件的要求。利用杭州湾混凝土耐久性暴露试验站，将埋设有电极阵列的混凝土试件放置于各个水位变动区，并通过传输导线将监测数据输送至数据记录端，最后通过数据无线传输系统传递至杭州湾跨海大桥监控室。

4. 现场安装及测试

电极阵列传感器的现场安装与调试分多个步骤进行，分别包括混凝土试件浇筑及性能测试、传感器运输、防腐层涂装、试件及导线安装、辅助设备安装、系统安装及调试。试件浇筑养护完成后，需将试件运输、吊装至现场，为防止运输过程中水分流失，采用塑料薄膜将其包裹并垫上泡沫，防止颠簸。同时，为保证氯离子仅从一侧进入试件内部，需将试件的另外各个表面采用环氧树脂进行密封，为保证涂层质量，采用 3 层进行分层涂覆，下层涂覆前需保证上一涂层已经干燥且硬化。涂覆过程中严禁移动试件，防止磕碰造成涂层缺陷，从而提供氯离子进入混凝土的通道。试件运输至暴露试验站后，要求将试件牢固在试验站栅格内，防止海浪拍到造成试件磕碰。

各层试件放置完成后，各传感器的导线均采用钢丝管进行保护，导线沿着栅格采用板扎带进行固定。一套完整的健康监测系统需其余辅助设备保证稳定运行，如气象工作站、电源、系统恢复装置等。其中，气象工作站用于获取传感器周边的温湿度、风速、风向、降雨量等一系列环境参数；电源提供监测系统长期、稳定的电源供应；系统恢复装置用于保证监测系统由于长期运行导致系统死机等现象，通过恢复装置可通过电话指令实现电源的切断和闭合，从而实现系统的自动重启。系统集成后可实现实时监控，并通过3G网络技术进行监测系统地远程控制，实现系统控制和数据传输，完成无人值守的混凝土耐久性实时监测。

3 我国核电厂构筑物老化管理及耐久性研究现状

我国第一台核电机组秦山核电厂1号机组已运行达到初始设计寿命30年，2021年9月获得国家核安全局批准，运行许可证有效期延续至2041年7月31日。目前，世界上越来越多的核电厂运行时间已超过40年，随着运行年限增加，老化失效引起的机组故障率越来越高，国际原子能机构（IAEA）和美国、法国等国家和组织都开展了广泛深入的研究，老化管理（AM）已成为国际性课题。

核安全有关构筑物是核电厂安全运行的重要组成部分，为核电厂中的系统、设备、部件提供支撑和保护。混凝土安全壳是核反应堆的围护结构，也是核电厂安全防御体系的最后一道实体屏障，一旦安全壳结构发生劣化破坏，危害巨大。

福岛核事故后，国际社会对安全壳结构承压能力和服役性能均提出了更高要求。由于我国大多数核电厂运行时间不是很长，总体上老化管理工作经验不足，急需通过科学的构筑物老化管理，维持安全壳等重要厂房在较高的服役水平并对其进行有效控制，才能保证核电厂安全可靠运行，直至延寿。

3.1 构筑物老化管理现状

基于长期的电厂老化管理和延寿研究工作，不少核电发达国家已建立了完善的核电厂寿命管理体系，但我国核设施构筑物老化管理体系处于起步阶段。安全壳的老化失效现象一方面严重影响着安全壳压力边界的完整性，也危害核电厂的安全可靠运行。

（一）构筑物老化管理的主要内容

所谓老化管理（AM）是指为了控制构筑物、系统和部件（SSCs）的老化、劣化而采取相应的设计、运行及维修等方面的措施。核电厂中核安全有关厂房由于其本身功能的特殊性，必须保证其在使用年限内结构的安全性，一旦其结构发生破坏，造成的危害是巨大的。目前，国外核电厂达到设计寿期后，一般会选择延寿。我国核电厂运行许可证延续技术政策和美国执照更新法规10CFR 54均明确要求，核电厂在开展运行许可证延续（美国称之为执照更新）工作中，应对构筑物及构筑物构件进行老化审查和评估，证明核电厂在运行许可证延续期间，长寿命、非能动的构筑物及构件的老化效应能够得到有效的管理，以确保其能够继续执行预定功能，且管理要求与现行许可证基准一致。

老化管理大纲包含十个要素：大纲范围、预防措施、参数监测检测、监测和趋势分析、验收标准、纠正行动、确认过程、行政控制、运行经验。老化管理大纲目标：审查老化效应得到了合理控制，在申请的许可证延续期内构筑物、系统和部件能够执行预定的功能。老化管理范围筛选将囊括全电厂的构筑物，老化管理对象筛选将借鉴美国 NRC 和 EPRI 等行业先进技术报告，采用现场踏勘和图纸审查相结合的方式进行，确保老化管理对象筛选结果的完整性。

（二）国际构筑物老化管理现状及安全壳失效案例

基于长期的电厂老化、延寿研究工作，不少国家已建立了完善的核电厂寿命管理体系。国际原子能机构（IAEA）自 20 世纪 80 年代开始在核电厂老化及寿命管理方面进行了长期有效的工作，形成了系统全面的老化管理法规、导则和技术文件，但指导性强，可操作性弱；IAEA对核电厂老化和寿命管理的监管要求按定期安全评审（PSR）的模式进行，老化管理是PSR中的内容之一。

美国是核能和核技术利用强国，美国核电厂的长期运行主要依靠完善的寿命管理，以继续确保电厂运行的安全性和成本效率，NRC于2001年7月发布了NUREG-1801《核电厂老化的通用经验》（即GALL报告），它汇编了约500份电厂老化研究资料。美国对老化问题的处理集中体现在核电厂执照更新程序中，截至2018年初，NRC共批准了89个机组的首次许可证更新申请。美国核电行业标准、协会技术文件等是核电厂业主老化管理和许可证更新的基础文件。法国共有58个压水堆核电厂正在运行，其中大部分核电厂都会在2019年到2032年之间服役达到40年的运行许可期限。法国EDF根据国家的法规和具体的要求，每10年对其所有的核电厂进行安全评审，对于电厂的寿命管理，关键考虑的因素就是安全和经济问题，只要这两方面都满足要求，核电厂就可以继续运行下去。

核电厂安全壳作为核电厂反应堆最后一道安全屏障，与反应堆压力容器一样是不可更换的。由于安全壳不可更换，其服役寿命直接决定了核电厂的服役寿命，因此科学、合理的安全壳寿命管理，是实现核电厂寿期内服役性能和延寿的必备条件之一。从表3-1可知，安全壳的老化失效现象一方面严重影响着安全壳压力边界的完整性，危害电厂的可靠安全运行；另一方面，安全壳包括混凝土结构、预应力系统、钢衬里、贯穿件等，各部件老化机理非常复杂，检测与维修非常困难，很多维修要求机组必须停堆，给电厂带来很大的经济损失，而且维修前后还要充分进行论证其结构可靠性和安全性，并需要做大量工作消除公众对自身健康安全的担忧。

表 3-1　国外运行阶段核电厂安全壳严重失效事件

电厂	老化现象	原因分析	后果
美国 Crystal River 核电厂 3 号机组	2009 年大修时，发现安全壳设备舱门周围的混凝土内部出现分层	1. 预应力设计不合理； 2. 多孔疏松软骨料	2013.2，Duke Energy 宣布该电厂永久性关闭
美国 Davis-Besse 核电厂	2011 年大修时发现安全壳混凝土结构出现 30 英尺的裂纹	1. 冻融作用 2. 混凝土表面防护不佳	由于原因分析和维修困难，导致大修延期
美国 Farely 2	安全壳竣工 8 年后发现 3 根竖向预应力钢束锚头锈蚀，18 根钢绞线因氢脆作用而断裂	腐蚀、氢脆	电厂替换 2 根预应力钢束，并复检所有相同的钢束锚头
多台法 900 MW 机组	安全壳衬里与上部混凝土筏基相邻处发生锈蚀（20 世纪 90 年代初）	伸缩缝填充料在高湿度环境中分解	清理并用混凝土铺筑，喷砂衬里并检查，大量焊接材料缺失，进行刷涂处理，并设计新填充材料
美国 North Anna Unit 2	钢衬里腐蚀穿孔（1999—2009）	腐蚀	更换腐蚀穿孔位置的钢板、并进行整体泄漏率试验验证维修效果
美国 Beaver Valley Unit 1			更换腐蚀穿孔位置的钢板
美国 D. C. Cook Unit 2			更换腐蚀穿孔位置的钢板，并进行局部泄漏率试验验证维修效果

（三）我国构筑物老化管理体系初步建立

我国的秦山核电厂 300 MW 机组于 1991 年投入运行，初始设计寿期为 30 年，2021 年 9 月获得国家核安全局批准，运行许可证有效期延续至 2041 年 7 月 31 日。大亚湾核电厂 1994 年投入运行，运行时间已超过设计寿期的一半。老化管理主要体现在维修、检查、监测、监督、设备合格鉴定和定期安全审查活动中。国内核电厂老化管理的监管活动主要是围绕定期安全审查开展的，秦山和大亚湾定期安全审查的实施标志着我国核电厂已经开展了老化和寿命管理活动，并取得了实质性进展。我国已经形成一套核安全法规（HAF）和导则（HAD）体系。

基于广泛的国际实践，目前我国一些核电厂营运单位开始考虑《核电厂运行许可证》有效期限的延续（延寿）问题。秦山核电厂已经建立一套相对完整的老化管理体系，并制定了老化管理规划，完成了《秦山核电厂老化管理大纲》的编制，大纲采用了 IAEA 推荐的系统化老化管理模型。完成了《构筑物老化管理报告》，提出了安全壳老化管理和寿命评价方法，对钢衬里的防腐及根部的处理，完成了《混凝土安全壳预应力 TLAA》等。

自 2017 年初始，国家核安全局（NNSA）开展了秦山核电厂运行许可证延续的核安全审评和监管工作，审评、监督主要依据《中华人民共和国核安全法》和国核安发〔2015〕280 号文件，同时参考美国核管会的《核电厂许可证更新申请的标准审评大纲》（NUREG-1800）和《通用老化经验报告》（NUREG-1801）等文件。要求营运单位在评估范围内，应列出属于老化管理审查范围的构筑物和部件的清单，描述老化审查所使用的方法，并且证明老化效应得到了合理控制，在申请的许可证延续期内构筑物、系统和部件能够执行预定的功能。

3.2　我国核电厂混凝土耐久性研究存在的不足

与国外核电发达国家相比，我国核电厂混凝土老化和寿命管理方面做得还远远不够，主要存在法规标准体系不完善、统一的老化管理资源数据库缺乏、安全壳等构筑物混凝土老化管理关键技术不足等问题。

（一）混凝土老化管理相关法规标准体系不完善

老化管理及延寿方面的工作对于我国大多数核电厂来说还处于起步阶段。如我国秦山核电厂 300 MW 机组，该机组于 1991 年投入运行，初始设计寿期为 30 年，2017 年起国家核安全局开展了运行许可证延续的审评工作。

目前，国内针对运行许可证延续最高层次的监管文件是《中华人民共和国核安全法》；其次是国家核安全局发布的《〈核电厂运行许可证〉有效期限延续的技术政策》；第三层次是运行许可证延续审评参考文件，主要是美国核管会（NRC）管理导则、NUREG 文件等；第四层次是行业标准、技术文件，如美国核电工业技术文件（EPRI、NEI 等）、核电规范和标准（NB、ASME、RCC 等）。目前，我国运行许可证延续监管体系基础相对薄弱，缺少针对老化的管理导则和 NUREG 层次监管技术文件，同时也缺少对应的下层技术文件的支撑。

同时，我国尚未建立起完整的老化管理法规、标准及技术文件体系，老化管理只是在一些法规导则中有所涉及，如 HAF102《核动力厂设计安全规定》，HAD103/11《核动力厂定期安全审查》提出应对老化管理大纲和技术方面进行评价，HAD103/12《核动力厂老化管理》也提出了原则要求，但都缺少与之配套的技术标准。由于缺少法规标准体系支撑，老化管理评估方法的科学性、规范性和完整性以及评估对象的广度和深度与国外相比差距较大。

（二）缺乏统一的混凝土老化管理资源数据库

目前我国核电厂在老化管理方面研究资源相对独立。由于起步晚，各电厂在老化管理经验、对混凝土老化机理的认识、老化管理方法、老化评价指标体系、寿期预测方法、关键设备的时限老化分析等方面都存在明显不同，各自也存在认识局限。与国外相比，我国核电厂混凝土老化方面基础性研究力量不足，缺乏趋势性分析数据和技术，实验手段和耐久性评估技术有待提高。

基于国际原子能机构（IAEA）及美国等开展老化研究比较早的国家或组织机构的经验，核电厂的老化管理工作在电厂设计阶段就应该开始。老化管理是一个共性的项目，既包括运行核电厂，也包括新建、在建核电厂，我国目前缺少关于核电厂老化管理资源的共享机制和平台，制约了我国核电整体老化技术的发展进步。

（三）安全壳等构筑物混凝土老化管理关键技术不足

目前，我国在建和运行核电厂均处于滨海环境，空气湿度和氯离子浓度较高，海洋环境对混凝土的侵蚀作用突出。随着在役电厂运行时间的增加，安全壳相关的老化失效现象逐渐暴露，已出现各种老化降质现象，如钢衬里埋地部分出现局部腐蚀、钢衬里空鼓、贯穿件套筒局部锈蚀、穹顶出现大面积裂纹、沉降测量仪器水准罐部分已损坏且无法修复等问题。某机组安全壳结构预应力测量装置也出现损坏现象，无法真实监测其预应力值。

美国、法国等核电强国在这些方面已开展大量研究，也取得丰富成果，但这些属于核心商业秘密。我国尚未掌握状态监检测和老化管理的关键技术，差距很大。这将给电厂的安全运行带来严重“隐患”，制约安全壳的延寿。如果对已发生的重要缺陷如裂缝、钢筋腐蚀缺乏相应的维修对策，任其发展必将削弱安全壳的服役性能，甚至危害电厂的安全运行和公众的健康。因此，亟待系统地展开安全壳状态监检测与老化管理相关技术研究。

（四）核电厂构筑物耐久性设计水平有待提高

对于核电厂设备、设施和安全壳等结构系统的耐久性研究工作，科学的寿期老化管理不但可以保证核电设施充足的安全裕度，而且也是核电厂延寿工作的重要前提条件。有效的耐久性设计能从源头上降低建造和服役阶段出现大的失效的可能，如美国的Crystal River 核电厂 3 号机组，因为设计和选材不合理，导致建造阶段穹顶出现混凝土分层，运行阶段设备舱门周围混凝土出现分层，直接造成该机组永久性关闭。

目前，不管是我国《混凝土结构设计规范》（GB 50010—2010）、欧洲《混凝土结构设计规范》（EN1992）还是美国《混凝土养护规程》（ANS/ACI308M-09）都对混凝土结构的耐久性设计提出更高要求，因此对安全壳耐久性设计的研究显得更为重要。我国在电厂设计阶段上述内容基本都处在概念与构造设计的范畴。由于没有时间环境相关的损伤函数关系，因而无法对结构整体或局部进行可靠性定量评价。与国外相比，我国核电厂构筑物耐久性设计有待提高，如混凝土老化方面基础性研究力量不足，缺乏趋势性分析数据和技术等。

4 ODOBA 项目基本情况及年度报告

4.1 基本情况

基于长期的电厂老化管理和延寿研究工作，法国已建立了完善的核电厂寿命管理体系，IRSN 发起了 ODOBA 项目，其目标是深入研究核反应堆安全壳混凝土的老化现象，开发一套混凝土质量和耐久性的评价工具。

（一）法国发起 ODOBA 项目

法国目前共有 58 个压水堆核电机组正在运行，其中大部分机组都将在 2019 年到 2032 年之间服役达到 40 年运行寿期。法国电力公司（EDF）希望将这些核电机组的运行寿期延长至 60 年，这就要求实施老化管理，并对包括安全壳在内的物项进行延寿评估。反应堆安全壳是核电厂安全防御体系的最后一道实体屏障，对事故工况下的核安全起关键作用，钢筋混凝土材料劣化以及预应力丧失会对安全壳结构的安全功能造成不利影响，所以针对混凝土安全壳结构老化现象开展研究并采取相应措施十分必要。

IRSN 是法国从事核技术研究和核与辐射安全的公益性服务机构，是法国核安全局（ASN）的技术支持单位。IRSN 需要对申请延寿的核电机组安全性进行独立评估。在混凝土破坏机理研究方面，IRSN 也是法国国内的重要科研力量。IRSN 于 2015 年发起钢筋混凝土耐久性监测（ODOBA）项目，并在全球核安全监管机构中招募合作者。IRSN 要和各参加方签订双边协议，所有参加 ODOBA 项目的成员单位通过两种方式参与：一是技术支持（通过承担大比例构件试验、实验室试验或研究支持）；二是资金支持。

截至目前，IRSN 已组织法国巴黎高等师范学院（ENS）、法国交通研究院（IFSTTAR）、法国马赛中央理工学院（LMA）、法国图卢兹国家应用科学研究院（INSA-Toulouse）等国内科研机构，以及美国核管会（NRC）、比利时联邦核管控局（FANC）、加拿大核安全委员会（CNSC）、芬兰国家技术研究中心（VTT）等国家的监管机构和技术支持单位确定参与该项目。

（二）项目旨在研究安全壳混凝土老化并开发评价工具

ODOBA 项目的目标是深入研究核反应堆安全壳混凝土的老化现象，开发一套混凝土质量和耐久性的评价工具。ODOBA 项目主要针对混凝土损伤的早期探测，混凝土损伤发展的监测和破坏后果（力学性能和密封性）的评价。

ODOBA 项目的研究内容主要有：一是利用安全壳耐久试验（ODE）台架开展小尺寸试件的实验，二是研究不同混凝土劣化机理之间的耦合，三是通过实验研究混凝土配比、环境条件、包容性等参数对劣化现象的影响，四是深化对相关仪表和试件的分析，五是对无损检测工具进行开发和验证，六是开展持续时间 10 到 15 年的长期实验。

其中，ODE 台架是这项研究中最重要的实验工具。这个台架主要用于进行加速退化过程的研究。ODE 台架为一个混凝土试验模块场地，共可容纳 60 个试验模块，拟分别进行安全屏蔽结构的典型混凝土模块试验研究，和用于模型验证的典型“模型”模块试验研究。

（三）我国加入 ODOBA 项目

2016 年 10 月，IRSN 在法国召开 ODOBA 项目启动会议，核与辐射安全中心派员参加，重点就核电厂混凝土碱骨料反应、无损检测技术、混凝土结构老化模型和数值模拟技术等方面进行技术交流，针对混凝土耐久性技术问题及合作内容进行了讨论。2018 年 4 月，IRSN 在巴黎召开 ODOBA 项目技术交流会，来自法国、美国、比利时、加拿大、中国、芬兰等国家的监管机构和科研院所的近 30 名专家和代表参会。核与辐射安全中心作为中方代表参会，与 IRSN 针对 ODOBA 项目协议条款进行了详细沟通，达成合作共识，并商定尽快签订合作协议。

同时，国内核电相关科研院也希望走出国门，了解国际最新研发状态获取同类经验。为此，核与辐射安全中心组织国内相关单位召开了 ODOBA 项目研讨会，各单位代表针对如何加入和参与 ODOBA 项目达成一致意见。

2019 年 11 月，核与辐射安全中心联合中核核电运行管理有限公司、中核武汉核电运行技术股份有限公司、苏州热工院有限公司等国内核领域相关单位与 IRSN 签订双边协议，开始参与 ODOBA 国际合作一期项目（2020—2022）。

4.2　年度报告（以 2020 年为例）

受 IRSN 邀请，核与辐射安全中心联合国内核领域相关科研院所确定参与 ODOBA 国际合作一期项目，2019 年 11 月 7 日核与辐射安全中心代表中方联合体与 IRSN 签订了合作协议。加入该项目有利于汲取国际同行经验，维持安全壳等重要厂房在较高的服役水平并对其进行有效控制，且能提高我国核电混凝土老化的研发能力和监管验证水平。

作为支撑和包容安全重要设备的构筑物，其耐久性能否满足长期运行的要求，已成为核电厂延长运行的关键问题。混凝土氯离子侵蚀、碱骨料反应以及延迟钙矾石反应等是影响混凝土病害的主要因素。本研究报告是 ODOBA 国际合作项目 2020 年度成果报告。

4.2.1 背景介绍及报告摘要

在核电厂的延寿运行（60～80 年）和核废物储存设施长期运行的背景下，人们普遍关注了解混凝土的老化，尤其是具体的病害机理状况，并在结构层面评估其后果。

因此，大多数核电国家都进行了大量的研究工作：经合组织核能署（OECD/NEA）的 ASCET 研讨会、经合组织核能署（OECD/NEA）的 HARVEST 联合项目，芬兰国家技术研究中心（VTT）的 WANDA 项目、美国核管会（NRC）的“NIST 项目”、加拿大核管会的“多伦多大学项目”。

在此背景下，IRSN 决定在 2016 年启动 ODOBA 项目。其特殊性是在现场条件下对大量混凝土试块（4 m×2 m×1 m）进行试验。这个项目是与 Bel V、CNSC、US-NRC、VTT 及 NSC 进行国际合作的。本报告是 ODOBA 项目的第 3 份进展报告。如 ODOBA 所述总括研究协议，IRSN 每年在 ODOBA 指导委员会年度会议之前发布本报告，会议于 2020 年 11 月 10 日举行。本报告已在 OSC 会议提交并批准。本报告介绍了项目的总体管理以及 2019—2020 年的成果和未来几年的展望。

主要内容：

① ASR 试块的残余膨胀分析表明，由于碱-硅酸反应，混凝土没有发生膨胀。经过原因调查，提出了一项行动计划，以确定新的 ASR 试块配合比。

② DEF 试块的残余膨胀试验显示，由于一种或两种配合比试块存在延时钙矾石反应，这些试块膨胀大且快。目前正在对第二种配合比试块进行残余膨胀试验。

③ 使用2019年建造的老化池，正在处理留样块上定义的老化方案。

4.2.2 一般说明

（1）ODOBA项目的组织和参与。

与核与辐射安全中心的协议于2019年11月7日签订。由于全球新冠疫情的存在，ODOBA项目已于2020年3月到7月暂停。

（2）混凝土研究联合体进展。

为支持ODOBA项目，IRSN与多家知名法国学术机构于2020年3月合作成立了混凝土联合体，参加联合的法国知名科研机构有：UGE古斯塔夫埃菲尔大学、阿姆艾克斯马赛大学、CNRS普罗旺斯科塞（LMA）、图卢兹国家应用科学研究所和图卢兹大学（LMDC）。

评估混凝土耐久性的研究活动将由合作伙伴的互补技能共同推动。

联合体主要研究重点包括：

- 识别和理解驱动混凝土中某些结构老化过程发展的局部机制；开发可靠的预测工具，以保持对老化过程的理解；
- 评估和控制适当的结构监测技术（无损检测）。

混凝土联合体将为老化指标、老化协议、仪器和无损检测、病理学初始参数、混凝土性能评估、尺度效应等方面研究提供支持。

在ODOBA项目中，以下任务正在进行：

- Florian OUVRIER-BUFFET博士的研究工作于2019年12月结束后，一项博士后研究工作正在进行，重点是声学测量在中等规模下的可行性，该声学测量致力于早期检测和定位嵌入在完好混凝土中的非线性混凝土。该方法目前正在进行调整，以增强功率，实现全尺寸适用性，并仅在一侧应用超声导管。

- Ismail ALJ 关于混凝土中光纤传感器耐久性的博士学位于2020 年 11 月提交。在这项博士研究工作中，一些 ODOBA 试块使用嵌入式（ZA、IB、IA、KB）和黏结（ZA）光纤进行了测试。在这些试块上，已将测量的应力应变光纤测量值与试块的伸长计测量值（振弦）进行了比较。光纤传感器所取得的成就令人鼓舞，嵌入的光纤能够在两个方向上测量应力-应变剖面，并允许突出显示裂纹平面位置。
- Arthur PICHELIN 博士专注于使用性能方法定义内部膨胀反应 ISR 的可持续性指标。它于 2020 年 10 月 23 日提交。该研究侧重于根据病理学（ASR、DEF 和联合）的发展状态，研究不同物理化学和力学参数的演变之间的相关性。在实验室样品上进行了实验工作，并确定了几个可测量参数（物理化学和机械），以评估病理发生和发展的风险（不仅基于混凝土混合料）。
- Abdeltaltif-AMMAR 的博士工作研究了混凝土“延迟”加热引发病理学发展（延迟 DEF）。硬化混凝土上温度的过度升高易对材料的微观结构产生重大影响。这项工作的目的是强调后期加热对混凝土耐久性的影响。这项工作可用于确定在 ODOBA 大规模研究“晚期 DEF”的条件。

4.2.3 试块状态

（1）概述。

从 2020 年 3 月至 6 月，ODOBA 项目的实验活动因卫生危机（新冠肺炎）而停止。已经启动的老龄化活动中断：三个老化池必须排水。

（2）7 月重新开始实验平台的实验工作，铸造了一个与非线性超声测量研究相关的中型试块—DEF 模块。

在 ZA、IB 和 IC 上对 DEF 试进行岩心取样。这些试验代表 2 种不同的混凝土混合料（n6 和 7），在砌块上始终处于同一水平面，并具有不同的温度历史。每次试验的 3 个样品已在试块内部深处取芯，然后提交至加速老化条件下进行 DEF 残余膨胀测量（根据法国 LPC 67 方法）。该方法建议在温度为 20 ℃的有限体积水中储存 52 周。

残余膨胀的测量已于 2020 年 4 月完成。ZA 样品上的残余膨胀在此水平上可以忽略不计。IB 和 IC 表现出相对快速的膨胀：浸泡 3 周后出现裂纹，IB（20 周后）和 IC（32 周后）的渐进平均膨胀分别为 0.75%和 0.57%。纵向动态弹性模量（通过非线性共振超声光谱 NRU）可测量长达 8 周。在这段时间后，由于结构的老化（裂纹的形成和扩展）变得无法测量。

目前正在研究配方 8（ID 和 IA，有效能量分别为 2 450 ℃·h 和 2 300 ℃·h，取芯位置），使用少量水泥，以确保通过早期加热过程启动病理。初步结果预计将于 2021 年年中公布，最终结果将于 2021 年 11 月公布。

验证了 n7 混凝土混合料的病理行为。老化方案可用于加速相关块上的 DEF 病理。对于 DEF 块，老化溶液为标准水，调节温度为 25 ℃。将定期检查水成分（钠、钾、钙和 SO_3）和 pH 值。机械性能将通过破坏性实验（抗压强度和杨氏模量）进行确定。材料中的传输特性将通过水孔隙度和气体渗透率进行测量。定期破坏性检查将允许老化池的水更新。必须确定破坏性检查周期，并取决于膨胀演变：例如，每 500 和 1 000 μm/m。

最初，ZA 试块设计用于支持无损检测。破坏性实验显示 ASR 反应性可忽略不计，除块体顶部的局部外，其他部位反应性较低。ZA 块可用于后期 DEF 的研究。在应用加速老化方案之前，可通过 ODE 热室应用特定热历史，以启动后期 DEF。

(3) ASR 试块。

对于 2016 年浇筑的每组 ASR 混合料的一个试块，对试块进行了芯样取样。根据法国 LPC 44a 要求，将样品提交至标准化的“ASR 残余膨胀试验”，该法国方案包括在 52 周内测量三个混凝土芯样的膨胀；同时，将样品储存在 38 ℃和 100%相对湿度的密闭室内。如 2019 年所述，在一年的加速过程中，没有一个样本出现明显的膨胀。

为检查骨料的反应性和水泥的碱含量而进行的进一步分析证实，材料的特性符合预期，但接近 ASR 混合反应性的触发极限：

- “Vinon”和“Gaurain”骨料均根据 94 标准（短期和严重试验）归类为潜在（PR）。然而，可以注意到，ER 测试是用于骨料的未来测试方法，以获得有关其反应性的完整信息。
- 水泥的高碱含量约为 1%，这意味着混凝土中的活性碱含量为 3.54～3.61 kg/m^3。3.5 kg/m^3 的碱含量接近 ASR 触发阈值。

考虑到，即使推荐的高水泥含量（约 1%）以及骨料和所选混合料，碱稀释效应（活性砂吸入量）可能会限制配方反应性。

为了进一步避免误解，提出了两个问题：

- 骨料和水泥的成分每年都会发生变化。可以对不同浇注活动（以及不同材料供应）产生的试块重复相同的试验。三个新试块目前正在 LPC44 协议下测试：混合 N°2 CA（cast 2017）、混合 N°3 与 CB（cast 2017）和 EB（cast 2018）。

由于新冠疫情，采样于 2020 年 9 月进行。预计将在 2021 年年中取得第一个结果，最终的膨胀结果将在 2021 年 11 月提供。

- 在每个试块的一个位置测量残余膨胀可能会限制 8 m^3 混凝土试块的膨胀潜力。为了避免负面作用，新的 LPC 44 测试已扩展到试块的整个表面。岩芯样品的比较将提供有关块体均匀性的信息。

一旦这些补充分析的结果可用（2021 年年中），ASR 试块可能用于 ASR 以外的其他研究，例如后期 DEF。这些试块的研究方向将在 2021 年底讨论，并提交给指导委员会。

2021 年，主要的问题是定义 ASR 混合物的病理学的发展，不只是关注具体的代表性，IRSN 提出了一种小规模的渐进方法：

- 考虑各种矿物学类型（到 2020 年底，从 2020 年初开始），考虑到高活性骨料及其在现有数据库中的可用性。
- 对几个有效骨料样品进行的第一次砂浆试验将允许选择第一批（标准试验持续时间约 5 d）。在这批混凝土中，我们将继续对混凝土配方进行更长时间的标准试验（最多 3 个月），以便为我们的 ASR 混凝土混合料选择最佳水泥和骨料。
- 在此步骤中，IRSN 必须为未来 ODOBA 试块铸造活动提供足够数量的活性材料。最后，将通过在三种混凝土混合料上应用 LPC44 协议来增强混合料。考虑到代表性需要和参考标准（4～5 kg/m^3，不超过历史初始碱浓度），混合料中的水泥比和碱含量可能不同。此步骤需要 12 个月。

根据这种渐进式方法，预计将确定 3 种混合料，并预计在 2022 年年中浇筑新的 ASR 试块。

（4）留样试块。

2019 年底浇筑了两套三小块和两批圆柱体试块：

- 三个 TA 试块致力于研究混凝土在 25 ℃时与钙质水接触时的传输特性演变。
- 三个 UA 试块用于外部硫酸盐侵蚀研究。将其浸入 40 ℃下硫酸盐含量高的溶液中。
- SC 和 LP 圆柱体致力于研究高盐度水环境中的混凝土老化。

文献［8］详细分析了不同试块和圆柱体的混凝土配合比特性。

在与合作伙伴进行交流后，决定在 2020 年 10 月至 11 月第一次加速老化之前进行破坏性检查，岩芯取样（顶部边缘附近）实现了破坏性检查：

- SEM/EDS 评估，以评估方解石表面沉积物以及由于一年自然老化而可能出现的表面和深度微裂纹；
- 碳化深度；
- 28 天时与初始状态比较的静态杨氏模量；

老化第一年的破坏计划为 2 个月，第二年的破坏计划为每 4 个月一次（在直径为 5 cm、深度为 10 cm 的小岩芯上）：

- SEM/EDS 侧重于裂纹演化和表面侵蚀；
- 化学特征：硼镁石、碱、硫酸盐和氯化物；
- 岩相学。

每年一次，可以对以下方面进行机械和物理表征：

- 抗压强度；
- 抗拉强度；
- 弹性模量；
- 孔隙度/密度和渗透率。

（5）一般问题。

研究试块（博士后研究的中间试块）：

目前有关无损检测的研究工作有三个主要目标：

- 介绍 Florian OUVRIER-BUFFET 博士在声学混凝土中嵌入混凝土的实验。这将在 2020 年 11 月完成，使用 IRSN 于 2020 年 9 月铸造的专用小型试块。
- 通过购买和验证高功率超声波传感器和电子放大器来增加仪器手段：已选择该设备，并将在 70 cm 厚的混凝土上进行测试。
- 定义一种技术策略，允许在混凝土表面的同一表面上应用泵波和传感器波，而不再在正交面上应用。这项研究正在进行，预计将于 2021 年 3 月获得初步结果。

湿度率传感器：

基于 HoneywellHIH-4602-A/C 传感器的 IRSN 混凝土内部湿

度仪器已在 ZA ODOBA 上进行了测试，该传感器饱和是由于混凝土芯和外部之间的热桥造成的。在将其用于 ODOBA 试块之前，计划对传感器设计和密封性进行改进。

4.2.4　2021—2023 年的展望

ODOBA 项目下一步的工作：

- 根据 ASR 调查的结果，计划在 2021 年实施一项试验计划（见上文），并将支持最快在 2022 年年中浇筑的新 ASR 砌块。
- ASR/腐蚀耦合研究：2019 年底，US-NRC 在 ODOBA 项目中提出了这个主题，因为 ASR 可能会因开裂而促进腐蚀。在 OTG 讨论（2019 年底）中，提出了对圆柱体实验室规模的 ASR/腐蚀耦合的研究，该研究由使用 ASR 混凝土混合物和三个月老化的铸造圆柱体发起。但是，由于 ODOBA 上的 ASR 问题，这项研究将于 2021 年底启动 DEF OBOBA 块的老化可在两个试块上开始：IA 和 KB。其他 DEF 块的下一个老化池将于 2021 年启动。该老化方案将包括全年在受控温度（25 ℃）下将试块浸入水下。水的化学演变（通过与混凝土的相互作用）将进行受控的定期破坏性检查，以跟踪化学物理演变和一些机械参数的演变。在应用协议之前，计划对块体的整体变形进行补充实验测量。

4.3　后续工作建议

深化中法两国核安全监管领域技术合作加入 ODOBA 项目，有利于汲取国际同行经验，有效提高我国核安全监管的试验验证能力，也有利于推动中国核电“走出去”。同时，应引入核电厂全寿期构筑物老化管理的理念，合力攻关核电混凝土安全壳监测关键技术。

附件

2020 ODOBA Status Report

IRSN
INSTITUT DE RADIOPROTECTION
ET DE SÛRETÉ NUCLÉAIRE

2020 ODOBA STATUS REPORT

ODOBA PROJECT

Sandrine MORIN, Benoît DURVILLE

Rapport n°IRSN/2020-00881

Pôle sûreté des installations et des systèmes nucléaires
Direction de la Recherche en Sûreté
Service de l'Ingénierie et des Projets de Recherche

Bâtiment 729 - Centre de Cadarache - BP 3 – 13115 - Saint Paul lez Durance

Titre : 2020 ODOBA Status Report
Sous-titre : ODOBA project
Rapport n° : IRSN/2020-00041

FICHE DESCRIPTIVE
DESCRIPTION SHEET

Title	***2020 ODOBA Status Report***
Subtitle	
Auteur(s)/*Author(s)*	Sandrine MORIN – sandrine.morin@irsn.fr Benoît DURVILLE – benoit.durville@irsn.fr
Élément DPPA	001/11/01/06

HISTORIQUE DES MODIFICATIONS
CHANGE HISTORY

Indice de révision *Revision*	Date	Rédacteur *Author*	Pages ou paragraphes modifiés *Pages or paragraphs changed*	Nature des modifications *Nature of the changes*
0	23/10/2020	S. MORIN B. DURVILLE		Creation - Draft version
1	20/11/2020	S. MORIN B. DURVILLE		After partners validation in steering committee 10/11/20

			Approbation *(approval)*		
	Rédacteur(s) *Author(s)*	Vérificateur(s) *Reviewer(s)*	Chef de service *Head of department*	Chargé de mission *Program leader*	Directeur *Director*
Nom/*Name*	Sandrine MORIN Benoît DURVILLE	Christophe MARQUIE Corinne DONQUE-GOMEZ	Laurence RIGOLLET	Gauzelin BARBIER	Patrice GIORDANO p.o. Th. ALBIOL
Date	20 11 2020	24/11/2020	27/11/2020	03/12/2020	
Visa					

IRSN

Titre : 2020 ODOBA Status Report
Sous-titre : ODOBA project
Rapport n° : IRSN/2020-00881

RÉSUMÉ

Ce rapport présente l'avancement du projet ODOBA pour 2019-2020 et les perspectives conformément aux conclusions des réunions de l'OTG.

Les points marquants sont :

- L'interprétation détaillée des analyses montrent une absence de gonflement sur les blocs dédiés au développement de la réaction alcali-granulat. Un plan d'action pour la recherche d'une nouvelle formulation propice au développement de la RAG a été proposé.
- Les analyses du potentiel de gonflement des blocs RSI montrent un gonflement rapide et important d'une des 2 formulations utilisées. Des prélèvements complémentaires ont été réalisés pour connaitre le potentiel de réactivité de la seconde formulation RSI.
- La mise en vieillissement des blocs de stockage définie en 2019 est en cours.

Mots clés : *ODOBA ; Rapport d'avancement ; pathologies ; béton*

ABSTRACT

This report is the third ODOBA Status Report. It presents the general management of the project, the achievement for years 2019-2020, and perspective for next years.

The main topics are:

- The residual expansion analysis on ASR blocks has shown the lack of concrete swelling due to ASR. The causes had been investigated. An action plan is proposed to define new formulations for ASR blocks;
- The residual expansion tests on DEF blocks exhibited large and fast swelling due to DEF on one over two formulations. Residual expansion tests are ongoing on the second formulation ;
- The defined aging protocol on storage blocks is under process using the aging pool presented in 2019.

Key-words : *ODOBA ; Status Report ; Pathologies; concrete*

TABLE DES MATIÈRES

LIST OF TABLES AND FIGURES

Tables

Figures

1. CONTEXT

Within the context of operation life extension (60-80 years) of nuclear power plants and of long operating period for waste depository sites, there is a common concern about understanding concrete aging, particularly concrete swelling pathologies, and assessing their kinetics and consequences at the structural level.

Consequently, there is a large research effort among most of nuclear countries: OECD/NEA ASCET Workshop, OECD/NEA HARVEST Joint Project, VTT WANDA project, NRC "NIST project", CNSC "University of Toronto project"...

Within this context, IRSN decided to launch the ODOBA Project in 2016. Its specificity is experimentation on large-scale concrete samples (4 x 2 x 1 m^3) on field conditions. As today, this project is performed with international collaborations from Bel V, CNSC, US-NRC, VTT and recently NSC (China).

This report is the third status report of the ODOBA Project. As stated in the ODOBA umbrella agreement [1], this report is issued annually by IRSN prior to the ODOBA Steering Committee annual meeting, held this year on November 10, 2020. It has been submitted and accepted at the OSC meeting.

2. GENERAL INFORMATION

2.1. Organization and participation to the ODOBA Project

Agreements with NSC (Chinese TSO) was signed on the 7th November 2019.

Due to the worldwide sanitary crisis (COVID), the experimentation for the ODOBA project has been temporarily postponed from March to July 2020.

2.2. CONCRETE consortium status

The CONCRETE consortium of IRSN with several well-known French academic institutions was signed in March 2020 in order to support the definition of the ODOBA program in between UGE-Gustave Eiffel University, AMU-Aix Marseille University and CNRS Provence Corse (LMA), INSA Toulouse - Applicate Science National Institute and Paul Sabatier Toulouse University (LMDC).

The research activities for the assessment of the concrete durability will be promoted by complementary skills of the partners.

The main research priorities defined in the consortium are:

- To identify and to understand the local mechanisms driving the development of some structural ageing processes in the concrete
- To develop reliable predicting tools to sustain the understanding of the ageing process
- To assess and control appropriated structural monitoring technics (non-destructive examination)

CONCRETE will be a research support to aging indicators, aging protocols, instrumentation and non-destructive examination, pathology initiating parameters, concrete performance evaluation, scale effects...

Within relation to the ODOBA projects, the following tasks are ongoing:

- Following the PhD work of Florian OUVRIER-BUFFET, ended in December 2019, a post-doc work is under progress focusing on feasibility at medium scale of acoustic measurement for early detection and localization of a nonlinear concrete embedded in sound concrete. The method is currently being adapted to enhance power for full scale applicability, and to apply ultrasonic transductor on one side only.

- The PhD of Ismail ALJ on optical fiber sensors durability in concrete was submitted in November 2020. During this PhD work, some ODOBA blocks were instrumented with embedded (ZA, IB, IA, KB) and bonded (ZA) optical fibers. On these blocks, the stress-strain OF measurement have been compared to extensometer measurements (vibrating wire) of the blocks. The OF achievements are encouraging, the embedded OF were able to measure a stress-strain profile in 2 directions and should allow to highlight crack plan locations.

- The PhD of Arthur PICHELIN focused on the definition of sustainability indicator for internal swelling reaction ISR using the performance approach. It was submitted on the 23th of October 2020. The study focused on the research of correlations between the evolutions of the different physical-chemical and mechanical parameters according to the state of development of the pathologies (ASR, DEF and combined). The experimental work was performed on laboratory samples and several measurable parameters (physic-chemical and mechanical) have been identified to evaluate risk of pathology occurrence and development (not only based on the concrete mix).

- The PhD work of Abdellatif AMMAR studies a "late" heating on concrete initiating pathology development (late DEF). An excessive rise of temperature on hardened concrete is likely to generate significant modifications in the microstructure of the material. The objective of this work is to highlight the effect of late heating on concrete durability. This work might be used to define conditions to study "late DEF" at large scale in ODOBA.

3. BLOCKS STATUS

3.1. General information

From March to June 2020, the experimental campaign of the ODOBA project was stopped because of the sanitary crisis (COVID-19). The initiated ageing campaign was interrupted: three aging pools had to be drained.

The experimental work on the experimental platform restarted in July by casting an intermediate size block related to the non-linear ultrasonic measurement research.

3.2. DEF blocks

Delayed Ettringite Formation (DEF) blocks name and composition are summarized in table 1, three different mixes or formulations are used (label Mix 6 to 8).

Core samplings of DEF blocks were performed on ZA, IB and IC. These tests stand for 2 different concrete mixes (n°6 and 7), always at the same level on the blocks and for varied temperature history. The 3 samples per tests have been cored deep inside the block, and then submitted to accelerated aging conditions for DEF residual expansion measurement (according the French LPC 67 method[1]). This method recommends storage in limited volume of water at 20°C during 52 weeks. Table 2 presents the samples maximum temperature and calculated efficient energy, and their expansion measurements.

Measurement of residual expansion has been achieved in April 2020 [9]. The tests results have been analyzed and the expansion curves for the different samplings are shown on Figure 1 for the tested blocks [9][10][11]. The residual expansion on ZA samples is negligible at this level. IB and IC show a relatively rapid expansion: cracks appear after 3 weeks of immersion and reach an asymptotic average expansion of about 0.75% for IB (after 20 weeks) and 0.57% for IC (after 32 weeks). The longitudinal dynamic elastic modulus (by Nonlinear Resonant Ultrasound Spectroscopy - NRUS) is measurable up to 8 weeks. After this period it is unmeasurable due to the degradation of the structure: formation and propagation of cracks.

Formulation number 8 (ID and IA with respectively an efficient energy of 2450°C.h and 2300°C.h et coring location), using a smaller amount of cement, is currently under study to ensure that the pathology has been initiated through early age heating process. First results are expected mid-2021, final results in November 2021.

The pathological behavior of the n°7 concrete mix is verified. The ageing protocol can be applied to accelerate the DEF pathology on the concerned blocks. For the DEF blocks the ageing solution is standard water regulated at 25°C. The water composition (Na, K, Ca and SO_3) and the pH will be periodically checked. Mechanical properties will be checked through destructive examination (compression strength and Young modulus). The transfer properties in the material will be measured: water porosity and gas permeability. The periodic destructive examinations will allow the water renewal of the aging pool. The destructive examination periodicity has to be defined and will be dependent of the swelling evolution: for example every 500 and 1000 µm/m.

Initially, the ZA block was designed as a support for the non-destructive examination PhD. The destructive examination showed a negligible ASR reactivity and a low reactivity regarding DEF pathology excepted locally at the top of the block. The ZA block could be used for the study of late DEF. A specific thermal history could be applied through ODE heat chamber, to initiate late DEF, before applying an accelerated aging protocol.

[1] Inter

Block name (formulation number)	Pathology	Cement kg/m^3		Water kg/m^3	Sand kg/m^3		Gravel medium kg/m^3		Gravel coarse kg/m^3	
ZA ***(Mix 6)***	**DEF + ASR**	CEM II/A-LL 42,5 R Airvault (France)	400	229	0/2CCB Gaurain (Belgium)	672	6/14 CCB Gaurain (Belgium)	416	14/20 CCB Gaurain (Belgium)	784
HB, IB, IC, KB ***(Mix7)***	**DEF**	CEM I 52,5 N Beffes (France)	400	201	0/4 Suevres SMVL	676	4/11 Suevres SMVL	139	11/22 Suevres SMVL	941
ID, IA, KA, HC ***(Mix 8)***	**DEF**	CEM II/A-LL 42,5 R Airvault (France)	350	201	0/4 St Maurice	718	4/11 St Maurice	289	11/22 St Maurice	813

Table 1 – DEF blocks features (underlined names: ED performed; red names: ED in progress)

Blocks name	Initial casting static modulus of elasticity	Maximum Temperature T_{max} (°C)	Efficient Energy EE (°C.h)	Initial crack weeks	Residual expansion	Mass gain	Young modulus decrease at 8 weeks
ZA	34.2 GPa	75°C	1400°C.h	None	0.038%	-	-
IB	33.8 Gpa	80°C	1650°C.h	3	0.75%	2.1%	-31.8%
IC	38.5 Gpa	73°C	2100°C.h	3	0.57%	1.9%	-24.9%

Table 2 – Thermal characteristics and residual expansion tests summary

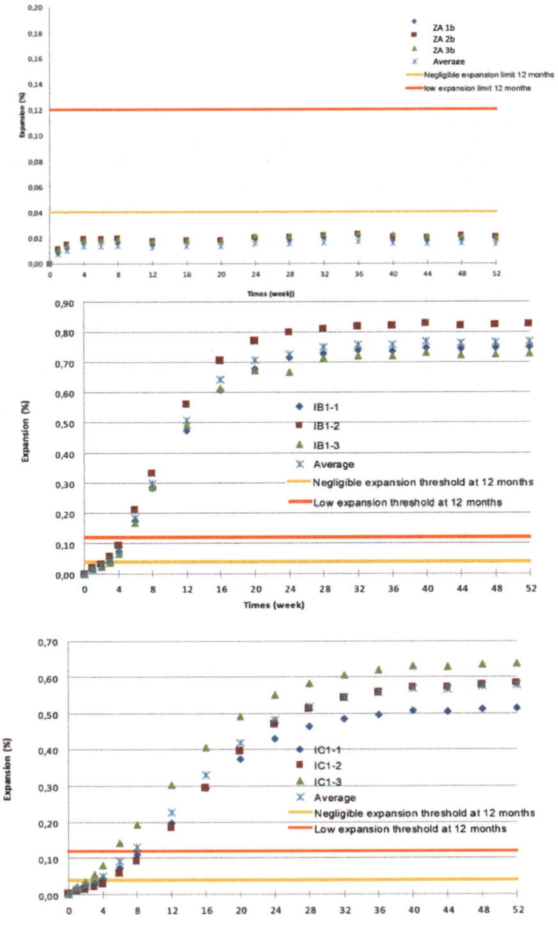

Figure 1 Residual expansion of ZA, IB and IC samples

3.3. ASR blocks

Eight ODOBA blocks (cast from 2016 to 2018) were devoted to Alcali-Silica Reactions (ASR) study, characteristics of the three different mixes are detailed in table 4.

For one block of each ASR mix poured in 2016, core sampling was performed on the blocks. The samples were submitted to standardized "ASR residual expansion test" according to French LPC 44 protocol. As a reminder, this French protocol consists in measuring the expansion of three concrete core samples during 52 weeks; the samples are meanwhile stored in an enclosure at 38°C and 100% relative humidity. As already presented in 2019, none of the specimen developed noticeable expansion during one year acceleration.

Further analyses performed to check the reactivity of the aggregates and the alkali content of the cement confirmed that the characteristics of the materials match expectations but are close to the trigger limit of ASR mix reactivity:

- Both "Vinon" and "Gaurain" aggregates are classified as potentially reactive (PR) according to NF P 18-594 standard (short and severe test). Nevertheless, it can be noted that longer test could indicate a low or not reactive aggregate. It will be essential in the future to assess the testing method used on aggregates to obtain a complete information on their reactivity.
- The cement had a high alkali checked around 1%, implying an active alkali content of 3.54 to 3.61 kg/m^3 in the concrete. The alkali content of 3.5 kg/m^3 is closed to ASR triggering threshold.

Indeed, even with recommended high alkali cement content (around 1%) and regarding the aggregates and the chosen mix, an alkali dilution effect (reactive sand intake) could limit the formulation's reactivity.

To go further and avoid misinterpretation, two problematics were stated:

- Aggregates and cement can present composition variation from a year to another. It is reasonable to replicate the same tests on blocks resulting from different pouring campaigns (and then, different materials supply). Three new blocks are currently being tested under LPC 44 protocol: mix n°2 CA (cast 2017), mix n°3 with CB (cast 2017) and EB (cast 2018).
  Due the COVID working conditions, sampling was done on September 2020. The first results are foreseen mid-2021, and final expansion will be available in November 2021.
- Measurement of residual expansion at one localization per block might be restrictive to characterize the swelling potential of 8m^3 concrete blocks. To avoid side-effect the new LPC 44 tests have been spread onto the whole surface of the block. A comparison of the core samples will give information on the homogeneity of the block.

Once the results of those complementary analyses will be available (mid 2021), the ASR blocks could

- At this step, IRSN will have to supply the selected reactive materials in sufficient quantities for future ODOBA blocks casting campaigns. In the end, the mix will be enhanced by applying LPC 44 protocol on three concrete mixes. Cement ratio and alkali content could be different in the mix considering representativeness need and bibliography criterion (4 to 5kg/m^3, without exceeding historic initial alkali concentration). This step will require 12 months

From this progressive approach, the definition of 3 mixes is expected and casting of new ASR blocks are foreseen mid-2022.

Block name (formumation ref.)	Pathology	Cement kg/m³		Water kg/m³	Sand 1 kg/m³		Gravel 1 kg/m³		Gravel 2 kg/m³	
BA, CA, DA, EA (Mix 2)	**ASR**	CEM I 52 N Airvault (France)	350	195	PR 0/4 Vinon (France)	772	NR 6/16 limestone L'Estaque (France)	416	NR 11/22 limestone L'Estaque (France)	684
BB, CB, EB (Mix 3)	**ASR**	CEM I 52 R Airvault (France)	350	195	NR 0/4 Limestone L'Estaque (France)	760 Or 759	PR 4/16 Vinon (France)	295 301 305	PR 16/22 Vinon (France)	755 Or 760
ZA (Mix 6)	**DEF + ASR**	CEM II/A-LL 42,5 R limestone filler Airvault (France)	400	229	PR+ 0/2 CCB Gaurain (Belgium)	672	PR+ 6/14 CCB Gaurain (Belgium)	416	PR+ 14/20 CCB Gaurain (Belgium)	784

Table 3 – ASR blocks features (underlined names: ED performed; red names: ED in progress)

3.4. Storage blocks

Two sets of three small blocks and two batch of cylinders were poured end of 2019:

- The three TA blocks are devoted to the study of the evolution of transport properties of the concrete in contact with calcareous water at 25°C.
- The three UA blocks are devoted to External Sulfatic Attack study. They will be immerged in the same aging pool in a solution with high sulfate content at 40°C.
- The SC and LP cylinders are devoted to the study of concrete aging in high salinity water.

Concrete mix characteristics of the different blocks and cylinders are detailed in [8].

Table 5 summarizes the objectives for chemical elements controlled or measured on the different aging pool aqueous solution. Two ageing pools will be started for the UA and TA blocks (see above).

	Na^{+}	K^{+}	Mg^{2+}	Ca^{2+}	$CO_3{}^{2-}$	Si	$SO_4{}^{2-}$	Cl^{-}	pH	Temp (R)
UA	C 75 867	X	M	M	M	M	C 14 409	X	C 7,1	39-40°C
TA	M	M	C 19,6	M	M	M	X	M	C 8,2	25-26°C
SC & LP cylinders	C 60 000	C 41 000	C 11 000	C 22 000	M	M	C 600	C 197 000	M	40°C
Standard water facility composition	13-14	2	9-10	78-82	160	2	180	X	X	X

Table 4 : Chemical element concentration (in ppm- mg/L) depending of the ageing pool: M stand for measured, C for controlled, X not applicable

Following exchanges with the partners, it was decided to perform destructives examinations before first accelerated aging of the blocks. In October – November 2020, core samplings (near the top edge) are realized to perform:

- SEM/EDS evaluations to evaluate calcite surface deposit and possible surface and in-depth micro cracks due to one year natural ageing ;
- Carbonation depth
- Static Young modulus for comparison with initial state at 28 days.

Destructive examinations are planned every 2 months the first year of ageing and every 4 months the second year (on small cores, 5 cm diameter and 10 cm depth):

- SEM/EDS focused on cracking evolution and surface attack

At several steps (not each):

- Chemical characterizations: portlandite, alkali, sulfate and chloride
- Petrography

Once in the year, mechanical and physic characterizations could be done regarding:

- Compression strength
- Tensile strength
- Young modulus
- Porosity/density and permeability

3.5. General issues

Research blocks (intermediate blocks for post-doctoral study):

The current research work concerning nondestructive examination has 3 mains objectives:

- To reproduce the PhD experiment of Florian OUVRIER-BUFFET on embedding nonlinear concrete in sound concrete. This will be done in November 2020, using a dedicated smaller block casted by IRSN in September 2020.
- To increase instrumentation means by purchasing and validating high power ultrasonic transducers and electronic amplifier: the equipment has been selected and will be tested on 70 cm thick concrete.
- To define a technological strategy allowing to apply pump wave and sensor wave on the same face of the concrete surface, and not any more on orthogonal faces. This study is currently ongoing and first results are expected March 2021.

Humidity rate sensors:

IRSN concrete inner humidity instrumentation based on Honeywell HIH-4602-A/C sensor has been calibrated and tested on ZA ODOBA block. A local saturation of the sensor lead to a measurement drift. This sensor saturation is due to a thermal bridge between the concrete core and the outside temperature. An improvement of the sensor design and tightness is planned before using it on the ODOBA blocks.

4. PERSPECTIVE 2021-2023

The ODOBA project next step are:

- Depending on the result of ASR investigations, an experimental plan is scheduled in 2021 (see above) and will support new ASR blocks cast at the soonest mid-2022.
- Study of ASR/corrosion coupling: end of 2019 US-NRC proposed this subject within the ODOBA project as ASR may favor corrosion due to cracking. From the OTG discussion (end of 2019) a study of ASR/corrosion coupling at laboratory scale on cylinders was proposed, initiated by cast cylinders using an ASR concrete mix and three month ageing. However, due to ASR issue on ODOBA this study will be initiated by the end of 2021.
- Ageing of DEF OBOBA blocks can be started on 2 blocks: IA and KB. Next pools will be ordered in 2021 for the other DEF blocks. This ageing protocol will consist in immersing the block under water with controlled temperature (25°C) all year long. Chemical evolution of the water (by interaction with the concrete) will be controlled. Periodic destructive examinations will be performed to follow the chemical-physical evolution and some of the mechanical parameter evolutions. Before applying the protocol, a complementary experimental measurement of the global deformation of block is planned.

The ODOBA schedule 2021-2023 is as follow:

2021		2022		2023	
ASR MIX DETERMINATION					
			ASR CASTING		
		Definition of ASR ODOBA aging protocol			
Follow-up and analysis: DEF & STORAGE					
				ASR	
	ASR/corosion: definition				

REFERENCES

All the ODOBA documentation is available on the ODOBA SharePoint platform (https://extranet.irsn.fr/sites/odoba/SitePages/Home.aspx) for all partners.

[1] Umbrella research agreement on the IRSN ODOBA Project – a project devoted to study pathologies in nuclear concrete structures
LS 20223

[2] Project ODOBA – First meeting of the ODOBA Steering Committee – Meeting minutes to be published after approval by OSC

[3] Project ODOBA – First meeting of the ODOBA Technical Group – Meeting minutes
PSN-RES/SEREX/2019-00229

[4] Project ODOBA – Second meeting of the ODOBA Steering Committee – Meeting minutes to be published after approval by OTG

[5] 2018 ODOBA Status Report
PSN-RES/SEREX/2018-00586

[6] ODOBA Blocks UA and TA – Objective Sheet
to be published after OTG approval.

[7] ODOBA SC and LP cylinders – Objective Sheet
to be published after OTG approval.

[8] 2019 ODOBA Status Report
IRSN/2019-00771

[9] RESIDUAL EXPANSION TEST - ODOBA Project
(Ref. IRSN : Block BA) », Janvier 2019, LPC 44 - ODO L2 0000 CE 15014 BA-03
(Ref. IRSN : Block BB) », Janvier 2019, LPC 44 - ODO L2 0000 CE 15014 BB-02
(Ref. IRSN : Block IB) », Janvier 2019, LPC 67 -ODO L2 0000 CE 15014 IB-03
(Ref. IRSN : Block IC) », Avril 2020, LPC 67 – ODO L2 0000 CE 15014 IC-03
(Ref. IRSN : Block ZA) », Mai 2019, LPC 44 et 67 -ODO L2 0000 CE 15014 ZA-04

IRSN
INSTITUT DE RADIOPROTECTION
ET DE SÛRETÉ NUCLÉAIRE

31 av. de la division Leclerc
92260 Fontenay-aux-Roses
RCS Nanterre B 440 546 018

COURRIER
B.P 17 - 92260 Fontenay-aux-Roses

TÉLÉPHONE
+33 (0)1 58 35 88 88

SITE INTERNET
www.irsn.fr

MEMBRE DE
ETSON

参考文献

[1] 尚春艳. 钢筋混凝土工业厂房可视化及其耐久性评价研究 [D]. 大连：大连理工大学，2010.

[2] 韩梦泽，刘宗琦. 混凝土结构的耐久性研究 [J]. 江苏科技信息，2017 (18)：32-33.

[3] 冯仲伟. 混凝土材料耐久性评价指标研究 [D]. 铁道部科学研究院，2007.

[4] 王晓初，金明君，杨春峰. 混凝土结构耐久性研究现状综述 [J]. 混凝土，2006 (2)：31-33.

[5] 陈道普. 风对混凝土碳化速度影响的研究 [D]. 同济大学，2006.

[6] 仝书敬. 基于模糊综合评判的工业厂房可靠性评估系统研发 [D]. 郑州大学，2014.

[7] 陈改新. 混凝土耐久性的研究、应用和发展趋势 [J]. 中国水利水电科学研究院学报，2009，7 (2)：280-284.

[8] 庄悦. 锈蚀钢筋混凝土受弯构件 [D]. 江苏科技大学，2011.

[9] BS7543：1992. Guideto Durability of Buildings and Building Elements，Products And Components.

[10] 金伟良，赵羽习. 混凝土结构耐久性 [M]. 北京：科学出版社，2002.

[11] 孟春芳. 影响结构耐久性的建筑构造及其评价方法 [D]. 西安建筑科技大学，2005.

[12] 张建国，蒋凤昌. 钢筋混凝土结构耐久性评估系统的研究与实

现. 泰州职业技术学院学.
[13] 舒阳，王敬东，徐禄吉，等. 高性能混凝土结构耐久性智能评估系统研究. 混凝土 [J]. 2008 (1).
[14] Schiess sl P. Monitoring System for the Corrosion Risk of Steel in Concrete Structures [J]. Concrete International, 1992, 14.
[15] Broomfield J P, Davies K, Hladky K. The use of permanent corrosion monitoring in new and existing reinforced concrete structures [J]. Cement & Concrete Composites, 2002, 24 (1): 27-34.
[16] 李博，董振平，于军琪，等. 大数据技术在工业建筑结构耐久性监测系统中的应用研究 [J]. 数字技术与应用，2017 (4): 106-107.
[17] 黄俭，万普华. 基于大数据的工程质量安全管理信息服务平台研究 [J]. 中国建设信息化，2015 (22): 73-74.
[18] Junqi Y U, Xiaofeng S U, Huang J, et al. Wireless Remote Monitoring and Energy Saving Management System of Energy-consumption for Large-scale Public Buildings [J]. Modern Architecture Electric, 2012.
[19] Xu S, Yu J Q, Niu D T, et al. Researchon Wireless Remote Monitoring System of the Durability for Large Concrete Structures [J]. Advanced Materials Research, 2012, 368-373: 2194-2199.
[20] An K, Yu J Q. Design of Hazard Installations Monitoring System Based on WSN [J]. Applied Mechanics & Materials, 2014, 556-562 (556-562): 3047-3051.
[21] 西安建筑科技大学. 大型混凝土桥梁结构耐久性无线远程监测装置: CN201120342484. X [P]. 2012-05-23.
[22] 西安建筑科技大学. 用于钢筋混凝土桥梁耐久性监测的无线传感器网络节点: CN201220542218. 6 [P]. 2013-04-24.

[23] Kawano H. Study on Cover Depth for Prestressed Concrete Bridges in Airborne-ChlorideEnvironments [J]. Pci Journal Prestressed Concrete Institute Journal, 2006, 51 (2): 42-55.
[24] 赵铁军. 混凝土渗透性 [M]. 科学出版社，2006.
[25] 郝挺宇，惠云玲，梅名虎，等. 结构混凝土耐久性无损检测技术 [J] 东南大学学报自然科学版，2006 (S2): 49-54.
[26] 金伟良，赵羽习. 混凝土结构耐久性 [M]. 2 版. 北京：科学出版社，2014.
[27] 黄华. 钢筋混凝土的硼酸环境行为及其耐久性研究 [D]. 浙江大学，2006.
[28] 既有混凝土结构耐久性评定标准：GB/T 51355—2019 [S]. 北京：中国建筑工业出版社，2019.
[29] 混凝土结构现场检测技术标准：GB/T 50784—2013 [S]. 北京：中国建筑工业出版社，2013.
[30] 金伟良，赵羽习. 混凝土结构耐久性 [M]. 北京：科学出版社，2013.
[31] 伦志强. 回弹法检测混凝土抗压强度的不确定性研究 [D]. 广州：华南理工大学，2011.
[32] 李秋锋. 混凝土结构内部异常超声成像技术研究 [D]. 南京航空航天大学，2008.
[33] 司马玉洲，王爱兰. 采用超声回弹法对混凝土强度的早期预测 [J]. 施工技术，2002，31 (4): 26-27.
[34] 韩建平，王飞行，等. 钻芯法检测评定混凝土强度的若干问题探讨 [J]. 工程抗震与加固改造，2008，30 (2): 109-117.
[35] 宋双阳. 混凝土强度非破损检测技术研究非破损检测技术研究 [D]. 天津大学，2008.
[36] 陈朝阳，付素娟. 针贯入法检测高强混凝土强度试验研究 [J]. 建筑结构，2012，42 (4): 107-109.
[37] 杨立，杨桢. 红外热成像测温原理与技术 [M]. 北京：科技出

版社，2012.
[38] Carcione J M. Wave theory and numerical simulation in lossy anisotropic media. Geophysics，1996，61：1664-1677
[39] 纪洪广，张天森，等. 混凝土材料损伤的声发射动态检测试验研究［J］. 岩石力学与工程学报，2000，19（2）：165-168.
[40] Goldsmith，W. The theory and physical behavior of colliding solids［M］. Edward Arnold press，Ltd.，2022：24-50.
[41] LONG A E，HENDERSON G D，MONTGOMERY F R. Why assess the properties of near- surface concrete［J］. Construction and Building Materials，2001，15（2）：65- 79
[42] 赵铁军. 混凝土渗透性［M］. 北京：科学出版社，2006.
[43] NEVILLE A M. Properties of Concrete：4th and Final Edition［M］. London：Longman Group Limited，1995：844.
[44] NEVILLE A M. Properties of Concrete：4th and Final Edition［M］. London：Longman Group Limited，1995：844.
[45] HUGHS B P，SOLEIT A K O，BRIERLEY R W. New technique for determining the electrical resistivity of concrete［J］. Magazine of Concrete Research，1985，37（12）：243-248.
[46] 吴丽君，邓德华，曾志，等. RCM 法测试混凝土氯离子渗透扩散性［J］. 混凝土，2006（1）：100-103.
[47] 易成，郭婷婷，程涛，等. NEL 法与 ASTMC1202 法氯离子渗透性对比试验研究［J］. 混凝土，2007（3）：4-6.
[48] 史美伦. 混凝土阻抗谱［M］. 北京：中国铁道出版社，2003.
[49] MC CARTER W J，FORDE M C，WHITTINGTON H W. Resistivity characteristics of concrete［J］. Proceedings，Institute of Civil Engineers，1981，71（3）：107-117.
[50] 李宗津，肖莲珍，左彦峰，等. 用于混凝土外加剂质量评议和选择的新方法——无电极电阻率测定方法［C］//混凝土外加剂新技术与新设备研讨会，2014：20-26.

[51] 何春凯. 浅谈既有建筑混凝土中氯离子含量的检测方法 [J]. 工程质量，2010（11）：5-8.

[52] 钢筋阻锈剂使用技术规程：YB/T 9231—2008 [S]. 北京：中国冶金建设协会，2008.

[53] Guettala A，Abibsi A. Corrosion Degradation and Repair of a Concrete Bridge [J]. Materials and Structures，2006，39：471-478.

[54] L. Luo，A. Adriaens，A. Elia，et al. The Influence of Corrosion Inhibitors on the Stern-Geary Constant in Simulated Cement Pore Solutions [C]. The 8th International Symposium on Cement & Concrete Abstract，2013.

[55] G Ping，J J Beaudoin. Obtaining Effective Half-Cell Potential Measurements in Reinforced Concrete Structures [J]. Corrosion Science，2004（97）：246-255.

[56] Rob B Poldel. Test methods for on site measurement of resistivity of concrete—a RILEM TC-154 technical recommendation [J]. Construction and Building Materials，2001（15）：125-131.

[57] 赵永韬. 混凝土中钢筋腐蚀监测装置：中国，200610069705. 4 [P]. 2006-22-222007. 01. 24

[58] 宋晓冰，刘西拉. 钢筋混凝土构件中钢筋腐蚀长期监测传感器：中国，200610117060. 7 [P]. 2007-04-11.

[59] 吴瑾，李俊，高俊启. 钢筋混凝土构件中钢筋腐蚀的检测方法：中国，200710019822. 4 [P]. 2007-08-01

[60] 梁大开，王彦，周兵. 长周期光纤光栅的钢筋腐蚀监测方法及其传感器：中国，200710021728. 2 [P]. 2007-16-26.

[61] 杜元龙. 电化学传感器及其在腐蚀检测/监测中应用的研究 [C]. 中国腐蚀与防护学会腐蚀电化学及测试方法专业委员会. 2006 年全国腐蚀电化学及测试方法学术会议论文集. 2006：30-33.

[62] 吴文操. 钢筋混凝土结构腐蚀监测无线传感器研究［D］. 南京：南京航空航天大学航空宇航学院，2007.
[63] 汤雁冰，熊建波，等. 港珠澳大桥主体混凝土结构耐久性实时监测设计［J］. 中国港湾建设，2014（2）：29-33.